生姜安全高效栽培技术

宋银行 主编

中国农业科学技术出版社

图书在版编目（CIP）数据

生姜安全高效栽培技术／宋银行主编.—北京：中国农业科学技术出版社，2020.6
ISBN 978-7-5116-4726-9

Ⅰ.①生… Ⅱ.①宋… Ⅲ.①姜-蔬菜园艺 Ⅳ.①S632.5

中国版本图书馆CIP数据核字（2020）第074802号

责任编辑　崔改泵
责任校对　马广洋

出 版 者	中国农业科学技术出版社
	北京市中关村南大街12号　邮编：100081
电　　话	（010）82109194（出版中心）　（010）82109702（发行部）
	（010）82109709（读者服务部）
传　　真	（010）82106650
网　　址	http://www.castp.cn
经 销 者	各地新华书店
印 刷 者	北京科信印刷有限公司
开　　本	880 mm×1 230 mm　1/32
印　　张	5　彩插　8面
字　　数	136千字
版　　次	2020年6月第1版　2020年6月第1次印刷
定　　价	26.00元

━━━━◆版权所有·翻印必究◆━━━━

编委会

主　编　宋银行
副主编　孙继峰　孙莎莎　李付军
参　编（按姓氏笔画排序）
　　　　　刘中良　李　萌　杨晓东
　　　　　张中华　张传伟　陈秀华
　　　　　邵玉德　袁中科　徐立功
　　　　　高汉洲　韩太利　谭乐增
　　　　　谭金霞

序

　　山东省是我国生姜生产大省，栽培面积约占全国的1/3，总产量达全国的1/2以上，并形成了许多名优生姜产区，在农业生产中占据重要地位。生姜作为潍坊市的主要经济作物之一，其生产安全问题受到了潍坊市政府的高度重视。2018年潍坊市政府工作报告提出，实施农业品牌引领工程，扩大"潍坊大姜"等地域品牌影响，叫响"潍坊农品"区域品牌。在此基础上制定出台了《潍坊大姜品牌提升工作实施意见》，并明确了两阶段工作目标：2018年，全市大姜种植面积规划力争发展到45万亩，设施栽培鲜食嫩姜种植面积达到2万亩；到2020年，全市大姜种植面积稳定在45万亩左右，设施栽培鲜食嫩姜种植面积达到5万亩。同时，建立大姜全产业链标准体系，推动大姜产业集群发展，将潍坊大姜打造成国内一流、世界知名的农产品区域公用品牌，全面提升产业、区域竞争力。

　　生姜作为集调味蔬菜、加工食品和药用植物于一体的多功能蔬菜作物，其安全生产问题成为社会关注的热点。为落实潍坊市政府对生姜产业的发展规划，帮助姜农了解目前生姜的安全生产模式，指导姜农更快更好地生产出高品质生姜，潍坊市农业科学院相关人员，根据多年的生产实践经验，结合潍坊地区生姜的栽培技术特点，编写了《生姜安全高效栽培技术》。本书图文并茂，文字通俗易懂，除介绍生姜生产的技术要点及生产规范外，还介绍了潍坊地区特色生产模式，便于相关人员学习和交流。

　　本书的针对性强，适合生姜种植者、农业技术人员和院校相关专业师生阅读参考。希望本书能为农村相关种植人员和科研人员提供帮助，同时也恳请读者对书中不当之处提出宝贵的意见。

2020.1.28

山东农业大学园艺科学与工程学院

前　言

　　生姜是世界范围内广泛应用的调味蔬菜和中药材，也是我国出口创汇的主要蔬菜之一，年出口量达 60 万 t 左右，占世界生姜出口总贸易量的 70%以上。山东是我国生姜种植的主要地区，其丰富的种质资源和先进的栽培技术，使生姜的栽培规模逐渐壮大。

　　生姜的栽培技术是生姜获得优质高产的主要因素。为使广大姜农对生姜的栽培技术及病虫害防治有一个全面的了解，笔者根据自己多年的调查研究及实践经验，结合他人研究成果，以潍坊地区生姜栽培为例，编写了本书。本书的主要内容包括生姜概述、生姜栽培技术、生姜安全生产技术、病虫害防治、生姜制种技术、生姜贮藏技术以及生姜的食用与加工技术，并在文中介绍了具有潍坊地区特色的生姜栽培模式，以期为生姜产业的规范、高效生产提供参考。生姜的栽培过程较长，生产成本较高，种植风险大，因此建议姜农在种植生姜前阅读相关资料，并根据市场需求和自身的实际情况选择种植方式，落实各项措施，获得优质高产的生姜。

　　需要注意的一点是，本书中所涉及的药物及其使用浓度仅供参考，姜农应根据市场所销售的农药及其产品说明书进行配制，使用合理浓度的药物进行病虫害防治。

　　本书在编写过程中参考引用了许多相关书籍和文献，谨在此对撰写这些书籍和文献的作者表示衷心的感谢！

　　由于笔者写作水平有限，书中难免存在不足之处，敬请专家及读者批评指正。

编者

目　　录

第一章　概述 …………………………………………（1）
　一、生姜栽培历史与现状 ………………………………（1）
　　（一）生姜栽培历史 …………………………………（1）
　　（二）生姜的栽培现状 ………………………………（2）
　二、生姜的价值 …………………………………………（3）
　　（一）营养学价值 ……………………………………（3）
　　（二）医学价值 ………………………………………（4）
　　（三）文献记载 ………………………………………（6）
　三、生姜的分类和品种资源 ……………………………（8）
　　（一）生姜的分类 ……………………………………（8）
　　（二）生姜的品种资源 ………………………………（9）
　　（三）如何合理选用生姜品种 ………………………（12）

第二章　生姜栽培的生物学基础 ……………………（13）
　一、生姜的形态特征 ……………………………………（13）
　二、生姜的发育周期 ……………………………………（14）
　三、生姜对环境条件的要求 ……………………………（16）

第三章　生姜栽培技术 ………………………………（22）
　一、生姜栽培方式及茬口安排 …………………………（22）
　　（一）生姜栽培季节 …………………………………（22）
　　（二）生姜栽培茬口 …………………………………（23）
　　（三）生姜主要栽培方式 ……………………………（24）
　二、生姜安全栽培技术 …………………………………（29）

（一）生姜露地栽培技术 …………………………… (29)
　　（二）生姜保护地栽培技术 ………………………… (39)
　　（三）鲜食嫩姜日光温室栽培技术 ………………… (49)
　　（四）潍坊地方特色生姜栽培技术 ………………… (52)

第四章　生姜安全生产技术 …………………………… (59)
　一、生姜无公害栽培 …………………………………… (59)
　二、绿色生姜栽培 ……………………………………… (62)
　　（一）栽培技术 ……………………………………… (62)
　　（二）绿色生姜生产技术标准 ……………………… (65)
　　（三）昌邑绿色食品　生姜生产技术规范 ………… (72)
　　（四）安丘绿色食品　鲜食嫩姜生产技术规程 …… (77)
　三、出口生姜栽培 ……………………………………… (81)
　　（一）出口生姜生产要求和标准 …………………… (81)
　　（二）出口生姜标准化生产技术 …………………… (82)
　四、有机生姜栽培 ……………………………………… (87)
　　（一）有机生姜生产定义和生产标准 ……………… (87)
　　（二）有机生姜栽培管理技术 ……………………… (93)

第五章　生姜病虫害防治技术 ………………………… (97)
　一、生姜病害防治技术 ………………………………… (97)
　二、生姜虫害防治技术 ………………………………… (104)

第六章　生姜制种技术 ………………………………… (111)
　一、生姜组织培养 ……………………………………… (111)
　二、生姜诱变育种 ……………………………………… (113)

第七章　生姜贮藏技术 ………………………………… (115)
　一、生姜的贮存条件 …………………………………… (115)
　二、生姜的贮藏方法 …………………………………… (115)
　三、贮前消毒灭虫 ……………………………………… (118)
　四、贮藏期间的病害防治 ……………………………… (119)

第八章 生姜食用与加工技术 ……………………………… (120)
    一、腌渍加工 …………………………………………… (120)
    二、酱渍加工 …………………………………………… (122)
    三、糖醋渍加工 ………………………………………… (123)
    四、干制加工 …………………………………………… (125)
    五、提炼姜油 …………………………………………… (126)
附录A 常见计量单位名称与符号对照表 ………………… (128)
参考文献 …………………………………………………… (129)

第一章 概述

一、生姜栽培历史与现状

（一）生姜栽培历史

生姜（*Zingiber officinale* Roscoe），是姜科、姜属的多年生草本植物的新鲜根茎，高 40~100cm。别名有姜根、百辣云、勾装指、因地辛、炎凉小子、蜜炙姜。生姜的起源目前尚未有确切的定论，根据其分布和生物学特性分析得出，生姜起源于热带雨林气候，目前国际上公认的起源地是东南亚地区，包括印度、马来西亚一带，在我国台湾也有野生种发现。生姜在我国自古栽培，早在战国时期，生姜就已作为陪葬品出现。另马王堆一号汉墓的农产品中也发现了生姜，说明生姜在当时已经成为一种重要的经济作物。司马迁著《史记》中有"千畦姜韭，此其人皆与千户侯等"的记述，可见西汉时生姜具有非常高的经济效益。北魏贾思勰在《齐民要术》中记有"姜宜白沙地"，说明我国自古有对生姜栽培技术的研究。生姜在我国的栽培是由南向北演变的：明朝以前，生姜基本上只在我国南方地区栽培，直到明朝中后期才在北方开始种植。目前，生姜在我国分布甚广，除东北、西北寒冷地区外，大部分省份如广东、台湾、江西、湖南、湖北、四川、云南、安徽、山东、河南等均有栽培。

（二）生姜的栽培现状

据统计，全球生姜年产量约2 200万t，其中我国每年生姜产量约1 000万t，占全球总产量的45%。山东作为我国生姜主产区，栽培面积90多万亩（1亩≈667m^2。全书同），总产量达320多万t，约占全国1/3，其中潍坊生姜33.8万多亩，产量196.4万t，是山东生姜的主要栽培地区。潍坊的生姜栽培地区主要分布在安丘、昌邑、峡山等县市区，主栽品种有安丘生姜、安丘黄姜、昌邑面姜、安丘小姜等。潍坊种植生姜历史悠久，早在明朝万历年间（1573—1620年）就有种植生姜的记载。目前，潍坊地区生姜已拥有多个地理产品标志。2006年，国家质检总局批准对"安丘生姜"实施地理标志产品保护。2012年"昌邑生姜"被农业部认定为农产品地理标志产品、地理标志证明商标。2016年"安丘生姜"被"中欧100+100"认定为地理标志产品。2017年昌邑生姜成功入选山东省22种知名农产品区域公用品牌名单。2018年"潍坊生姜"品牌提升工作列入潍坊市政府工作报告。

随着生姜产业的发展以及市场变化的需求，农民专业合作社、农业龙头企业等新型经营主体成为生姜产业发展的主力军。2018年潍坊市从事生姜产业的专业合作社有101家，种植面积0.58万hm^2，年产量42.1万t，产值19.0亿元，分别占潍坊市生姜种植总面积、总产量、总产值的18.7%、18.3%、23.4%。其中有2家专业合作社被认定为国家级示范社，有18家被认定为市级示范社，规模化、产业化水平大幅提升。潍坊市从事生姜生产加工的龙头企业有56家，带动生产规模达到1.5万hm^2，年产量111.7万t，产值63.8亿元，分别占潍坊市生姜种植总面积、总产量、总产值的48.2%、48.6%、78.6%。其中产值超过1 000万元的有39家，国家级龙头企业1家，省级龙头企业3家，市级龙头企业35家。

潍坊地区生产的生姜主要用于鲜食、出口和深加工，因此生姜产品的质量安全备受关注。近年来，潍坊生姜品质出现大幅下降，

"毒大姜"事件影响深远。目前潍坊生姜栽培面积较大的仍以当地自留种为主。各县市的品种之间差异较大，出口的品种和内销品种差异较大，加工型和鲜食品种匮乏。另外部分农户缺乏姜种处理的意识，种子易带菌带毒，造成姜瘟病、癞皮病的传播，降低生姜的品质，严重影响潍坊生姜的商品性。在潍坊生姜各主产区，由于生态环境差异、栽培模式、栽培品种的不同，生产的生姜品质和商品率差异极大。传统的主产区由于缺乏科学的种植技术，管理措施不当，连年重茬种植，生姜姜瘟病、茎枯病、根结线虫病等重茬病害严重。在重茬地块，生产的生姜出现姜块细小、癞皮等现象，降低了商品价值。农药化肥不合理使用，影响了潍坊生姜的品质、安全性和品牌价值。

二、生姜的价值

生姜是一种世界范围内集调味蔬菜、加工食品和药用蔬菜于一体的多功能蔬菜作物，也是我国出口创汇的重要蔬菜作物之一，具有丰富的营养学价值和医学价值。

(一) 营养学价值

生姜的可食用部分占 95%，具有丰富的营养价值，含有丰富的糖类、蛋白质、脂肪、纤维素、维生素和无机盐等，为人体提供必需的营养元素。生姜所特有的辛香味主要是姜辣素、姜油酮、姜烯酚和姜醇等，姜中的挥发油成分主要包括姜醇、姜烯、水芹烯、茨烯、姜烯酮等。研究表明，每 100g 生姜中含有能量 172kJ，水分 87g，蛋白质 1.3g，脂肪 0.6g，膳食纤维 2.7g，碳水化合物 7.6g，胡萝卜素 170μg，视黄醇当量 28μg，硫胺素 0.02mg，核黄素 0.03mg，尼克酸 0.8mg，维生素 C 4mg，钾 295mg，钠 14.9mg，钙 27mg，镁 44mg，铁 1.4mg，锰 320mg，锌 0.34mg，钼 0.14mg，磷 25mg，硒 0.56μg 等。

生姜的食用方式多种多样。由于生姜特有的辛辣味有除腥、去臊之功能，所以生姜作为烹饪中的调料被广泛应用。生姜可用于腌渍、糖渍等食用，亦可通过加工制成姜干、姜粉、糖姜汁、姜油、姜酒等成品。

生姜可为甜味或咸味食物比如汤类、肉类、家禽、海鲜、蔬菜、米饭、面食、豆腐、卤汁、调味汁、水果、蛋糕和饮品等调味。生姜还可用来制成果酱和糖果。生姜精油是一些啤酒和软饮料（姜汁汽水）的成分之一。生姜特别适合与苹果和香蕉搭配食用。新鲜生姜的味道比干生姜和生姜粉要强烈，干生姜和生姜粉只是作为替代品使用。生姜粉在西方国家食用广泛，常用来为蛋糕、姜饼和蜜饯等提味，有些咖喱食材里面也放有生姜粉。

嫩一点的姜可以制成咸菜，在日本，腌渍生姜是寿司和生鱼片的传统搭配辅料。稍老一点的姜可以用来制姜汁，姜汁红茶不仅可以祛冷散寒，还有解毒杀菌的作用。姜汤补暖，具有防止感冒的功效，还可以使人们轻松远离"空调病"。

新鲜生姜可切片、磨碎、剁碎或切成姜丝使用。生姜的味道浓淡取决于其加入菜肴中的时间。在烹制快结束的时候放入生姜其味道最为浓烈，如果喜欢比较温和的味道，可在刚开始烹制的时候放入。

（二）医学价值

我国自古以来就有"生姜治百病"的说法，生姜是我国中医主要的药用食材。中医讲究冬吃萝卜夏吃姜，姜在炎热时节有兴奋、排汗降温、提神等作用，可缓解疲劳、乏力、厌食、失眠、腹胀、腹痛等症状，还能够健胃增进食欲，另外，生姜还具有提神醒脑、促进血液循环、防止动脉硬化，以及抗衰老的作用。但姜并不适合所有的人群，比如阴虚体质的人是不能吃姜的。

古书中对于生姜的记载如下：生姜皮性辛凉，治皮肤浮肿，行皮水；生姜汁辛温，辛散胃寒力量强，多用于呕吐；干姜辛温，温中煸动寒，回阳通脉，温脾寒力量大，炮姜味辛苦走里不走表，温下焦之寒；炮姜炭性温，偏于温血分之寒；煨姜苦温，偏于温肠胃之寒。生姜辛而散温，益脾胃，善温中降逆止呕，除湿消痞，止咳祛痰，以降逆止呕为长。

生姜的药用价值主要总结为以下几点。

1. 对消化系统的作用

生姜是治疗盐酸—乙醇性溃疡的有效药物，其有效成分为姜烯，具有保护胃黏膜细胞的作用。生姜中的姜烯等萜类精油是健胃生药的有效成分之一。在芳香健胃生药中，特别是姜科植物中多含有姜烯等萜类精油成分。生姜能使胃蛋白酶作用减弱，脂肪分解酶的作用增强。生姜可严重破坏胰酶中的淀粉酶，使胰酶对淀粉的药用学价值消化作用显著下降。还可抑制淀粉酶中的β-淀粉酶，阻碍淀粉糖化。生姜可作用于交感神经及迷走神经系统，有抑制胃机能及直接兴奋胃平滑肌的作用。从生姜中分离出来的姜油酮及姜烯酮的混合物有止呕效果。生姜作为驱风剂的一种，能轻微地刺激消化道，促进肠张力、节律以及蠕动，可缓解因胀气或其他原因引起的肠绞痛。

2. 对循环系统和呼吸系统的作用

生姜醇提取物对麻醉血管运动中枢及呼吸中枢有兴奋作用，对心脏也有直接兴奋作用。正常人口嚼生姜1g（不咽下），可使收缩压平均升高1.489kPa，舒张压上升1.862kPa。对脉率则无明显影响。

生姜的水提取物能显著减少人血小板标记花生四烯酸（AA）生成TXB_2及PGS的量，降低PG内的过氧化物的形成，并有强烈抑制血小板聚集的作用。

3. 抗病原微生物作用

生姜提取液对金黄色葡萄球菌、白色葡萄球菌、伤寒杆菌、宋内痢疾杆菌、绿脓杆菌均有明显抑制作用，其作用与浓度呈依赖关系。

4. 抗氧化作用

研究表明：生姜具有抗氧化作用。姜的水、乙醇和醚提取物对亚油酸甲酯的氧化作用也有显著抑制作用。有报告指出，加入活性氧清除剂或姜提取物，能抑制脂质过氧化引起的 DNA 损伤；姜提取物亦能抑制活性氧的产生和亚油酸的氧化。

5. 其他作用

生姜泥和生姜浸出液对创伤愈合有明显的促进作用。生姜汁液能在一定程度上抑制癌细胞生长。在一些抗肿瘤药物中加入生姜提取物能减轻肿瘤药物的副作用。生姜在模拟胃液条件下对亚硝化反应有明显阻断作用，其抑制亚硝酸合成的有效成分对热稳定，在沸水中加热相当长时间后，仍保持相当强活性。生姜提取物具有抗过敏的药效，能防止过敏性休克，预防某些鱼类蛋白质引起的荨麻疹。

（三）文献记载

（1）《名医别录》：味辛，微温。主治伤寒头痛、鼻塞、咳逆上气，止呕吐。又，生姜，微温，辛，归五藏。祛痰，下气，止呕吐，除风邪寒热。久服小志少智，伤心气。

（2）《本草拾遗》：本功外，汁解毒药，自余破血，调中，祛冷，除痰，开胃。须热即去皮，要冷即留皮。

（3）《药性论》：使。主痰水气满，下气。生与干并治嗽，疗时疾，止呕逆不下食。生和半夏，主心下急痛，若中热不能食，捣汁合蜜服之。又汁和杏仁作煎，下一切结气，实心胸拥隔冷热气，神效。

（4）《开宝本草》：味辛，微温。主伤寒头痛鼻塞，咳逆上气，止呕吐。

（5）《本草图经》：以生姜切细，和好茶一、两碗，任意呷之，治痢大妙！热痢留姜皮，冷痢去皮。

（6）《本草衍义》：治暴逆气。嚼三两皂子大，下咽定，屡服屡定。初得寒热，痰嗽，烧一块，含咬之终日间，嗽自愈。暴赤眼无疮者，以古铜钱刮净姜上取汁，于钱唇点目，热泪出，今日点，来日愈。但小儿甚惧，不须疑，已试良验。

（7）《药性赋》：味辛，性温，无毒。升也，阳也。其用有四：制半夏有解毒之功，佐大枣有厚肠之说。温经散表邪之风，益气止胃翻之哕。

（8）《汤液本草》：气温，味辛。辛而甘，微温，气味俱轻，阳也，无毒。

（9）《象》云：伤寒头痛，鼻塞，咳逆上气，止呕吐，治痰嗽。生与干同治。与半夏等分，治心下急痛，剪细用。

（10）《心》云：能制半夏、厚朴之毒，发散风寒，益元气，大枣同用。辛温，与芍药同用，温经散寒，呕家之圣药也。辛以散之，呕为气不散也。此药能行阳而散气。

（11）《珍》云：益脾胃，散风寒，久服去臭气，通神明。

（12）《本草》云：秦椒为之使。杀半夏、莨菪毒。恶黄芩、黄连。

（13）《本草衍义补遗》：辛温，俱轻，阳也。主伤寒头痛、鼻塞、咳逆上气，止呕吐之圣药。治咳嗽痰涎多用者，此药能行阳而散气故也。又东垣曰：生姜辛温入肺，如何是入胃口？曰：俗皆以心下为胃口者，非也。咽门之下受有形之物，系谓之系，便为胃口，与肺同处，故入肺而开胃口也。又问曰：人云夜间勿食生姜，食则令人闭气，何也？曰：生姜辛温主开发，夜则气本收敛，反食之开发其气，则违天道，是以不宜。若有病则不然，若破血、调中、去冷、除痰、开胃。须热即去皮，若要冷即留皮用。

（14）《本草发挥》

成聊摄云：姜、枣味辛、甘。固能发散，而又不特专于发散之用。以脾主为胃行其津液，姜、枣之用，专行脾之津液，而和荣卫者也。

洁古云：生姜，性温，味辛、甘，气味俱厚，浮而升，阳也。

其用有四：制厚朴、半夏毒一，发散风邪二，温中去湿三，益脾胃药之佐四。东垣云：生姜为呕家之圣药。辛以散之，呕为气不散也，此物能行阳而散气。又云：生姜消痰下气，益脾胃，散风寒。主伤寒头痛，鼻塞，通四肢关节，开五脏六腑。又云：生姜与大枣同用，调和脾胃；辛温与芍药同用，温经散寒。

（15）《本草纲目》：生用发散，熟用和中。早行山行，宜含一块，不犯雾露清湿之气及山岚瘴气。食久，积热患目。痔人，痈疮皆不宜多食。姜皮消浮肿腹胀痞满，去翳。

三、生姜的分类和品种资源

（一）生姜的分类

生姜主要有两种分类方法：一种是按生物学特性进行分类，另一种是按产品用途进行分类。另外，也有许多地方以地名进行命名，如莱芜生姜、广东疏轮大肉姜、四川竹根姜、安徽铜陵白姜、陕西城固黄姜、河南张良姜等。

1. 按生物学特性分类

根据生姜的生态特性和生长习性，可分为疏苗型和密苗型 2 种类型。

（1）疏苗型：植株高大，生长势强，一般株高 80~90cm，生长旺盛的植株可达 1m 以上。叶片大而厚，叶色深绿，茎秆粗而健壮，分枝较少，排列较稀疏。根茎块大，外形美观，姜球数较少，姜球肥大，多呈单层排列。该类型丰产性好，产量高，商品质量优良。其代表品种有广东疏轮大肉姜、山东莱芜大姜等。

（2）密苗型：植株高度中等，一般株高 65~80cm，生长旺盛时可达 90cm 以上。生长势较强。叶色翠绿，叶片稍薄，分枝性强。根茎姜球数较多，姜球较小，姜球上节数较多，节间较短。姜球多呈双层排列或多层排列。根茎产量较高，品质好。其代表品种有莱芜片姜，广州密轮细肉姜、浙江临平红爪姜等。

2. 按产品用途分类

按照生姜根茎和植株的用途，可分为食用、药用型，食用、加工型和观赏型3种类型。

（1）食用、药用型：即食用药用兼用型。我国栽培的大多数生姜品种以食用为主，兼有药用效果，如莱芜大姜、莱芜片姜、广州肉姜、铜陵白姜、兴国生姜、城固黄姜，河南张良姜、福建红芽姜等；也有少数品种以药用为主，兼供食用，如湖南黄心姜、湖南鸡爪姜等。

（2）食用、加工型：即食用加工兼用型。生姜一般以嫩姜鲜食，老姜作为调料。除供蔬食以外，还可加工制成多种食品，其中以腌制品、糖渍品和酱渍品较多。作为加工原料，要求根茎纤维较少，含水量较高，质脆而肉质细嫩，颜色较淡，辛香味浓，辣味淡而不烈。此类生姜品种如广州肉姜、浙江红爪姜、铜陵白姜、兴国生姜，遵义大白姜等。

（3）观赏型：具有观赏价值的品种，主要以其叶片上的美丽斑纹、花朵的颜色和形态、花的芳香以及整个植株的优美姿态供人观赏。主要品种如莱舍姜（别名纹叶姜）、花姜（别名球姜或姜花）、斑叶茗姜、壮姜、恒春姜、河口姜等，主要分布在我国台湾省以及东南亚一些地区。

此外，姜科中还有许多不同属的极具观赏价值的姜。这些观赏型姜，为多年生具芳香的草本植物，主要分布于热带。属此类型的观赏型姜资源有：哥贝月桃、长穗月桃、紫红月桃、闭鞘姜、家郁金、洁罗郁金、蝴蝶姜、杂交蝶姜等。

（二）生姜的品种资源

中国生姜的栽培历史悠久，由于不同的气候条件及土壤性质，形成了不同的地方性生姜品种。经过人们长期的选择、驯化和培育，这些地方性品种一般都具有较强的适应性、良好的丰产性、优良的品质和独特的使用价值，多以地名及根茎的颜色或姜芽的颜色取名。现将我国生姜的主要优良品种资源介绍如下。

1. 山农大姜1号

山东农业大学通过组培试管苗诱变选择而来（图1-1。全书图见书后彩插，下同）。该品种植株高大粗壮，生长势强，一般株高80~100cm。叶片大而肥厚，叶色浓绿。茎秆粗，分枝数少，通常每株具10~12个分枝，多者可达15个以上。根茎皮、肉淡黄色，姜球数少而肥大，节少而稀。一般单株根茎重为1 000g左右，重者可达2kg以上。一般亩产5 000~6 000kg，实行双膜春提早或秋延迟保护栽培亩产可达7 500kg以上，较莱芜大姜增产20%以上。

2. 莱芜片姜

又名莱芜小姜，山东省莱芜市地方品种，为山东省名特产蔬菜之一（图1-2）。莱芜片姜具有以下特征：植株高大，生长旺盛，一般株高80~90cm；叶片较大，深绿色，披针形；分枝性强，属密苗型品种；皮、肉均为黄色，姜球数多而密，节间短。莱芜生姜的品质优良，肉质细嫩，辣味和辛香味较强，纤维和水含量低，并具有耐储藏、耐运输的特性。该品种对不同的栽培条件有不同的反应：在气候适宜、肥水充足、管理精细的情况下，分枝多且姜球多，呈双层或多层排列，这种姜被称为"马蹄姜"；而在土壤瘠薄，管理粗放的条件下，分枝少且姜球少，一般呈单层排列，这种姜被称为"扇面姜"。该品种一般于当地5月上旬播种，10月下旬收获。一般每亩产2 500kg左右，高产田可达3 500kg左右，实行双膜、秋延迟保护栽培的亩产达5 000kg以上。

3. 莱芜面姜

又称莱芜大姜，山东省莱芜市地方品种，也是山东省著名特产，是我国北方主栽品种之一（图1-3）。莱芜大姜具有如下特征：植株高大，生长势强，一般株高90cm左右，在高肥水条件下，植株高达1m以上；叶片大而肥厚，叶色深绿；茎秆粗壮，分枝较少，一般每株可分生10~12个分枝，多者可达20个以上，属于疏苗型；姜球数较少，姜球肥大，其上节稀而少，多呈单层排列，生长旺盛时，亦呈双层或多层排列。根茎外形美观，产量高，一般单株重约800g，重者可达1 500g以上。通常亩产量为3 000kg，高产田可达4 000~5 000kg。实行双膜、秋延迟保护栽培的亩产达7 000~8 000kg。近年来，由于该品种产量高，出口销路好，颇受群众欢迎，种植面积不断扩大。

4. 安丘黄姜

安丘地方性姜种（图1-4），该品种属于密苗型良种，植株高大，茎秆粗壮，叶片肥厚。姜芽鲜红，颜色艳丽，根系发达，产量高。鲜姜粗纤维较少，质地脆嫩，辣味清淡，适于鲜食、腌渍加工。

5. 莱芜娃娃姜

又称面姜、娃娃姜（图1-5）。该大姜植株茎秆粗壮，叶片肥厚，单株根茎重、根茎颜色和姜汁含量都明显优于其他大姜品种，色泽光亮，白里透黄，像娃娃的脸蛋一样惹人喜爱，姜汁多，姜丝少，口感好，产量比传统昌邑大姜增产20%以上。

6. 浙江红爪姜

别名大秆黄，为浙江省嘉兴及杭州一带农家品种（图1-6）。嘉兴与临平地区广泛种植，尤以临平种植最为普遍。该品种生长势强，株高65~80cm，叶披针形，浓绿色，互生，植株分枝力强，一般每株可具地上茎22~26个，茎粗1cm左右。根茎较肥大，上下高10~13cm，左右宽23~28cm。姜球多，皮黄色，肉质蜡黄，芽带红色，故名红爪。根茎具有纤维少、质地细、辛辣味稍浓等优良品质。其嫩姜可糖渍或腌渍，老姜多做调味香料。一般单株根茎重400~500g，重者可达1 000g以上。每亩产1 500~2 000kg。

7. 安徽铜陵白姜

该品种是安徽省有名的特产，是安徽铜陵市农家品种（图1-7）。植株生长旺盛，株高一般为70~90cm。叶片窄，披针形，深绿色。姜块较肥大，鲜姜呈乳白色至淡黄色，嫩芽粉红色。

质地细嫩，纤维少，辛香味浓，辣味适中，品质优，除作调味品外，还适于腌渍和糖渍。一般单株根茎重500~600g，每亩产鲜姜2 500kg。

8. 江西黄姜

江西名特产蔬菜之一（图1-8）。该品种生长势较强，株高70~90cm，叶片披针形，绿色，分枝较多，茎秆基部稍带紫色并具特殊香味。花似卷荷，有不整齐花被，雄蕊6枚，雌蕊1枚，但极少开花。根茎肥大，姜球呈双层排列，皮淡黄色，肉黄白色，嫩芽淡紫红色，质地脆嫩，纤维少，辛辣味中等，耐贮，耐运，品质佳。一般单株根茎重300~400g，亩产1 500~2 000kg。

（三）如何合理选用生姜品种

我国生姜地方品种较多，特性各异，应根据栽培目的选用适宜的生姜品种。首先，考虑选用高产品种，如山农一号、莱芜大姜等；其次，考虑销售市场的需求，如日本市场需求姜块肥大、皮色鲜黄光亮，而中东及东南亚地区则一般要求姜块中等大小。此外，还应考虑生姜加工方式，如脱水加工要求根茎干物质含量高，腌渍加工要求根茎鲜嫩，纤维素含量低，而精油加工则要求根茎挥发油含量高。因此，姜农应综合多种因素考虑，选择合适的生姜品种进行种植。

第二章 生姜栽培的生物学基础

一、生姜的形态特征

生姜属于喜温性作物,目前广泛分布于热带、亚热带及温带地区,其中亚洲、非洲及南美洲地区栽培较广泛。生姜在植物学分类上属于单子叶植物、姜科多年生宿根性草本植物,农业生物学分类为蔬菜—薯芋类,肉质根茎为其可食用部分。生姜植株形态直立,分枝性强,一般每株有10多个丛状分枝,植株开展度较小,为45~55cm。生姜为无性繁殖蔬菜,很少开花,主要器官有根、地上茎、根茎、叶及花等。了解生姜主要器官的特性,有助于采取适宜措施,获得高产、优质的生姜产品。

1. 根

姜的根包括纤维根和肉质根,纤维根从幼芽基部发生,水平生长出数条不定根,进一步生成细小的侧根,这是生姜主要的吸收根系。纤维根的主要功能是吸收水分和溶于水中的矿物质,将水与矿物质输导到茎,是姜的主要吸收器官。在生姜的旺盛生长期,种姜和子姜的下部节长出乳白色的肉质根,肉质根较短,且粗,不分叉,基本上无根毛,吸收能力差,主要起固定支撑和储存养分的作用(图2-1)。姜属浅根性作物,主要分布在半径40cm和深30cm的土层内,多集中在姜母的基部,少数根系可深入土壤深层。实验表明,姜的根系发育与生长环境和栽培方式有关:土壤厚且疏松,或者培土次数多,则根系生长旺盛,根数量多且长,伸展范围变大,利于养分的吸收。

2. 茎

生姜产品尽管生长在地下，但并非根而是地下茎。生姜的茎包括地上茎和地下茎两部分（图2-2）。若肥水条件充足，茎高可达1m以上。地上茎有分枝10~15枚，生长旺的植株可具分枝20枚以上。生姜地上茎的生长与地下茎的生长有直接的关系，一般地上茎分枝越多，生长越旺盛，地下茎生长就越大，产量越高。

3. 叶

姜的叶包括叶片和叶鞘两部分（图2-3）。叶片呈披针形，单叶，绿色或深绿色。叶鞘呈绿色，狭长抱茎，具有保护和支撑的作用。新叶从叶片和叶鞘的连接处抽出。姜叶片互生，在茎上排成2列。叶背主脉稍微隆起，具有横出平行脉。据赵德婉等（2005）研究，在幼苗期姜叶生长较慢，每3~4天长出一片新叶；到幼苗期之后，生长速度稍快，每1.5~2天可长出1片新叶。立秋以后，叶面积迅速增大，生长最旺盛时，平均每天可长出2片新叶，但是在10月上旬以后，随着气温逐步下降，叶面积增速也放缓。生姜的叶不仅是进行光合作用、气体交换和水分蒸腾的重要器官，同时也是观察生长状况的重要部位，生姜的肥水管理和病虫害等信息可以通过姜叶进行观察，叶片的长势、长相直接决定整个生姜植株的长势、长相。

4. 花

生姜的花为穗状花序，花茎直立，由叠生苞片组成，雄蕊6枚，雌蕊1枚（图2-4）。但生姜极少开花，偶在南方大田或棚室栽培中看到生姜开花，但很少结实。目前，关于生姜开花问题与栽培环境和栽培因素之间的关系尚不清楚，还需进一步研究。

二、生姜的发育周期

生姜为无性繁殖的蔬菜作物，播种用的"种子"就是根茎。其根茎和马铃薯的块茎有所不同，无自然休眠期，收获之后遇到适宜的条件便可发芽。生姜极少开花，它的整个生长过程基本上是营养生长的过程。生姜的生长发育是一个连续的过程，其植株总重量及茎叶重量的变化是先慢后快，最后逐步减慢停滞。生姜的生长虽有明显的阶段性，但划分并不严格。根据生姜的生长形态、生长季节和农事活动将其划分为发芽出苗期、幼苗期、旺盛生长期、休眠贮藏期4个时期。

1. 发芽出苗期

是指从种姜打破休眠幼芽开始萌动，到第一片姜叶出土并展开的整个过程。此过程所需的养分主要靠姜种本身提供。幼芽的萌发时间较长，主要取决于以下几点：一是是否进行人工催芽。春季气温较低，如果采用人工增温催芽的方法，可以在25天甚至更短的时间内催出合格的短壮芽，而自然条件下发芽出苗则需要40~60天。二是播种时间。如果播期早气温低，则需要的时间长，播种晚气温高，则需要的时间短。三是栽培方式。覆盖地膜、栽培较浅等因素，都可以缩短发芽出苗的时间。生姜在适宜温度条件下的生长时间越长，其产量越高；生姜发芽出苗耽误的时间越长，其产量损失就越大。因此应当根据实际情况，采取合理的催芽和栽培方式，缩短发芽出苗时间，培育壮苗。

2. 幼苗期

从叶片展开到生长至有2个分枝，即"三股杈"时期，至此，标志着生姜幼苗期结束。该时期主要依靠自身进行的光合作用和从土壤中吸收的营养物质进行生长。这一时期以主茎和根系生长为主，但生长量不大，主要是为后期旺盛生长打基础的时期。栽培措施应着重提高地温，促进根系发育，清除杂草和插姜草（或搭棚）遮阴，促使幼苗健壮。

3. 旺盛生长期

指自形成"三股杈"至收获为止的时期，约70~90天，此时地上茎和地下根茎同时进入旺盛生长期，表现为分枝数、叶片数迅速增加，叶面积急剧扩大，根茎的重量与日俱增。该时期的主要工

生姜安全高效栽培技术

作是加强肥水管理、除草培土、防治病虫等，促进形成和维持较大的叶片及叶面积，提高光合能量，防止后期早衰，延长有效生长时间，最大限度地提高生姜产量。

4. 休眠贮藏期

指生姜收获后，在适宜的温度和湿度条件下进行贮藏，使其保持休眠状态。这是由于生姜具有不耐霜寒的生物学特性。生姜因贮藏条件和目的不同，贮藏的时间短者几十天，长者可达6~12个月。此期的主要工作是控温保湿，一般要求温度保持在10~13℃和相对湿度85%~95%的条件下，使生姜的生理活动变得微弱，尽可能减少养分消耗，防止受冻和姜块缩水干瘪，同时注意防病防虫，随时观察，发现问题及时解决。

三、生姜对环境条件的要求

1. 温度

生姜起源于热带地区，具有喜温不耐寒的特性，因此生姜只有在适宜的温度条件下，植株才能健壮生长，体内各种生理活动才能正常而又旺盛地进行。因此，在栽培中，必须了解生姜各个生长时期对温度的要求，以便为生姜生长创造适宜的环境条件。

据试验发现，种姜在16℃以上便可发芽，但发芽速度极慢。22~25℃为生姜幼芽生长的适宜温度，在此条件下，生姜的发芽速度较快，且幼芽较壮。而在高温条件下，发芽速度虽快，但生长的幼芽不健壮，不适合后期姜苗的生长。在幼苗期及发棵期，25~28℃对茎叶生长较为适宜。在根茎旺盛生长期，因需要积累大量养分，要求白天和夜间保持一定的昼夜温差，白天25℃左右，夜间17~18℃，利于养分的积累。当温度降至15℃以下时，茎叶便基本停止生长，遇霜后植株开始枯萎。

2. 光照

生姜具有喜光耐阴的特性。生姜在中等强度的光照条件下生长良好。在土壤水分供应充足时,生姜亦可适应较强的光照,但生产上常常由于水分供应不及时,导致生姜在较强光照条件下常处于干旱胁迫下,因此生产上多进行遮阴处理。生姜虽然具有耐阴性,但其生长期并不适合长期处于弱光条件中。

根据生姜生产的实践经验,栽培生姜以保持中上等强度的光照条件较为适宜。在温度及其他各种生态条件均较适宜的情况下,光照强度保持4万~5万 lx,对生姜单叶光合作用较为有利,但对大面积姜田来说,尤其在较密植的情况下,群体所要求的光照强度要比单叶或单株高得多。所以为了使群体中、下层也能得到较好的光照,还是以保持中上等光照强度对生姜群体生长更为有利。当光照强度达65 000lx时,尚未达到群体光饱和区。据此分析,自然光照强度在6万~7万 lx范围,可能较为适宜。不论华北或江南,在生姜生长季节,自然光照状况基本上都能满足生姜生长的要求。

生姜的不同生长时期对光照的要求不同。发芽期要求姜种处于黑暗的条件,幼苗生长期处于半阴半阳状态,旺盛生长期则要求中等偏上的光照强度,利于植株进行光合作用,积累光合产物。

关于日照长短对生姜生长的影响,研究发现(表2-1),不同的日照长度,对生姜地上茎叶及地下根茎的生长,均有一定影响。试验于9月15日和11月5日两次取样测定,结果表现基本一致,即地上茎叶的鲜重及干重均以自然光照条件下较好,而长日照及短日照处理均较轻。光周期对根茎生长的影响与地上部相似,也是以自然光照条件下的生长较快。这一试验结果表明,生姜根茎的形成,对日照长短的要求不很严格,不一定要求短日照的环境,即不论在长日照、短日照或自然光照条件下,都可以形成根茎,但在自然光照条件下栽培,根茎生长最好。每天光照8h的处理,由于缩短了光合作用的时间,因而影响了茎叶和根茎的生长。

表 2-1　光周期对生姜生长的影响

取样日期（日/月）	日照时数	地上部重（g/株）		鲜根净重（g/株）	
		鲜重	干重	鲜重	干重
15/9	8h	145.8	13.5	101.0	5.5
	24h	118.0	10.8	88.0	3.9
	自然光照	169.5	19.1	136.0	7.4
5/11	8h	235.0	26.8	239.5	32.4
	24h	309.5	34.1	300.3	30.8
	自然光照	360.8	48.8	415.8	46.0

3. 土壤

土壤的理化性质包括土壤的质地、酸碱度等。生姜对土壤条件的要求如下。

（1）对土质的要求：生姜对土壤的适应性较广，对土壤质地的要求不甚严格，不论在沙壤土、轻壤土、中壤土或重壤土上，都能正常生长。但是不同土质对生姜的产量和品质却有一定的影响。沙性土一般透气性良好，春季地温升高较快，姜苗生长亦快，但往往有机质含量较低，保水保肥性能稍差。若生姜生长后期追肥不及时，容易因脱肥而使产量降低。黏性土春季地温上升较慢，因而幼苗生长亦较慢，但有机质含量比较丰富，保水保肥能力较强且肥效持久，到生姜生长后期，仍可为根茎膨大提供充足的养分，因而产量较高。其中土层深厚、土质疏松、有机质丰富、通气和排水良好的壤土，栽培生姜最为适宜。另外，由于土传病害防治困难，并且成本较高，尤其是姜瘟病，对技术的要求较强，因此生姜不宜在同一块土地上进行连续种植。

（2）对土壤酸碱度的要求：生姜幼苗期，尤其在小苗时期，对土壤酸碱度的适应性较广，反应不甚敏感。种植在 pH 值为 4~9 土壤上的姜苗，生长状况均基本正常，表现无明显差异；幼苗生长后期，不同酸碱度对植株生长有明显的影响，尤其在进入旺盛生长期以后，影响越来越显著。试验结果表明，当 pH 值为 8 以上时，对生姜各器官的生长有明显的抑制作用,表现为植株矮小,叶片发黄,长势不旺,根茎发育不良,姜块又瘦又小,平均每株只有10个姜球,单株根茎重仅有104~117g。当pH值为5~7时,植株均生长较好,平均每株具姜球20个以上,单株根茎重约为前者的3倍;pH值为6左右时生长最好,每株具姜球25~26个,单株根茎鲜重为362g左右。生产实践也发现,栽培在盐碱地上的生姜,不仅植株矮小,而且茎秆纤细,分枝少,叶片薄而稀疏,根茎瘦小,产量很低。因此,栽培生姜应注意土壤选择,盐碱涝洼地不宜种姜。如果要在碱性土壤上种植生姜,需先进行土壤改良,把土壤酸碱度调整到适宜生姜生长的pH值范围内,才能使姜苗生长良好。

4. 水分

水分是生姜植株的重要组成部分,也是进行光合作用、制造养分的主要原料之一,各种肥料也只有溶解在水里才能被根系吸收。所以,在生姜栽培中合理供水,对保证姜的正常生长并获得高产是十分重要的。

姜为浅根性作物,根系主要分布在土壤表层30cm以内的耕作层内,难以充分利用土壤深层的水分,因而不耐干旱。生姜在生长过程中,对水分反应十分敏感,土壤湿度状况不仅对生姜光合作用有显著影响,对生姜的生长和产量也有很大的影响。不同时期对水分的需求不尽相同。幼苗期,姜苗生长缓慢,生长量小,本身需水量不多,但幼苗期正处在高温干旱季节,土壤蒸发快,同时,生姜幼苗期的水分代谢活动旺盛,其蒸腾作用比生长后期要强得多,因此需水较多。据测定,7月下旬10:00和12:00,蒸腾强度可分别达22.4μg和13.92μg,分别比10月上旬高13倍和7.9倍,为保证幼苗生长健壮,此时不可缺水。如果土壤干旱而不能及时补充水分,姜苗生长就会受到严重抑制,造成植株瘦小而长势不旺,以至后期供水充足也难以弥补。

生姜旺盛生长期,生长速度加快,生长量逐渐增大,需要较多的水分,尤其在根茎迅速膨大时期,应根据需要及时供水,以促进根茎快速生长,此期如果缺水干旱,不仅产量降低,而且品质变劣。这表明在生姜栽培中,缺水干旱也是产量的重要限制因素之一。

5. 矿质营养

氮是蛋白质的主要成分,也是合成叶绿素的主要元素,与植物的各种新陈代谢都有密切关系。在缺氮情况下,植株矮小,叶片薄,叶色黄绿,生长势弱。氮肥供应充足时,则表现为叶片厚,叶色深绿,光合作用强,生长势旺盛。磷是构成细胞核的主要成分,在多方面参与植株的新陈代谢,当磷供应充足时,前期可促进植株根系的生长,使根系发达;后期能促进根系生长而提高产量。在缺磷条件下,表现为植株矮小,叶色暗绿,根茎发育不良。钾虽不是植物体结构的一部分,但它能促进光合作用,降低呼吸作用,促进多种酶的活性,促进糖和淀粉等养分迅速运输到产品器官中,改善产品品质。当钾供应充足时,表现为叶片肥厚,茎秆粗壮,抗病性强,多发分枝,根茎肥大,品质优良。

生姜在生产过程中,需要从土壤中吸收各种矿物元素,其中以氮磷钾三要素吸收量最多,其吸收动态与植株鲜重的增长动态相一致。幼苗期,植株生长缓慢,生长量小,对氮磷钾的吸收量少,幼苗期对氮磷钾的吸收量占全期总吸收量的 12.25%。进入旺盛生长期后,生长迅速加快,分枝数大量增加,叶面积迅速扩大,根茎叶迅速膨大,因而吸肥力也迅速增加,旺盛生长期对氮磷钾的吸收量占全期总吸收量的 87.75%。

生姜喜肥耐肥,全生长期吸收钾最多,氮次之,磷居第三位。生姜全期吸收钾氮磷的比例大致为:钾 46%~49%,氮 38%~42%,磷 10%~12.5%。钾氮磷之比为 5.1:3.9:1,生姜形成 1 000kg 所吸收的钾氮磷的数量分别为 13.58kg、10.4kg 和 2.64kg。

生姜需要完全肥,如缺少某种矿质元素,对其产量和品质均有一定影响。尤其对氮素最为敏感,缺氮时,除了表现分枝少、根茎小以外,与完全肥相比,其挥发油含量、维生素 C 含量以及含糖量等均明显下降。在生长过程中,生姜除了需要从土壤中吸收氮磷钾三要素以外,还需吸收钙、镁、锌、硼等各种中、微量元素。

生姜对钙与镁的吸收规律一致,吸收量也极为接近,至收获时,单株约吸收钙 461.5mg,镁 488.03mg。对锌的吸收呈指数曲线变化,在生长后期,单株日吸收锌 49.5μg,比生长前期高出近 1 倍。对硼的吸收表现为双 S 曲线,在生长中期有一平缓吸收区。

生姜不同器官对钙、镁、硼、锌的吸收动态基本上随生长的进行呈增加趋势,但又有各自的特点。主枝叶及主枝对钙、镁的吸收在生长后期迅速增加,但硼、锌则有所下降,收获时主枝叶及主枝的硼分别比旺盛生长初期(8 月中旬)减少 56.01%、61.44%,收获时锌比旺盛生长中期(9 月中旬)分别减少 1.23% 和 24.27%。这与后期主枝叶、主枝严重衰老、硼和锌在其内的含量骤降有关。

侧枝叶、侧枝对钙、镁、硼、锌吸收量的变化趋势与主枝叶、主枝完全相同。根茎吸收钙、镁、硼、锌的量,在生长前期吸收缓慢,生长后期则迅速增加,促进生长后期根茎迅速膨大。因根内钙、镁、硼、锌的含量较为稳定,故吸收量变化主要是随根量的增长而增加,因而根内分配的钙、镁、硼、锌量在幼苗期缓慢增长,旺盛生长前期迅速增加,后期则相对稳定。

第三章 生姜栽培技术

一、生姜栽培方式及茬口安排

(一) 生姜栽培季节

生姜起源于热带雨林地区,长期的环境选择使生姜形成了喜温暖、不耐寒、不耐霜的特性,因而要将生姜的整个生长期安排在温暖无霜的季节。生姜在热带地区表现为多年生,而生姜产区由于受气温条件的限制,一般进行一年一茬栽培。

生姜的栽培方式一般分为露地栽培和保护地栽培。生姜栽培对温度的要求需达到以下几点:①生姜萌发温度需达到16℃,最适萌发温度为20~28℃。②生姜播种时10cm地温应稳定在15℃以上,初霜到来前收获。③从出苗到收获前适宜生姜生长的时长要达到135天以上,有效积温达到1 200~1 300℃。④应把块茎生长期安排在适宜且昼夜温差大的月份里,利于产品器官的形成。

生姜的产量与生长期密切相关,一般生长时间越长,产量越高。露地栽培的生姜播种时期不宜过早或过晚,过早陆地温度不稳定,温度过低容易导致烂种,而播种过晚则导致适宜生长的时期缩短,容易造成减产。近年来,姜农采用地膜覆盖、设施栽培等,改善环境条件,实现生姜提早播种或延迟收获,延长生姜生长期,以此来提高生姜产量。根据实验数据发现(表3-1),当采用常规的露地栽培方式,生姜生育期为181天时,产量为3 487kg/亩;当使用地膜覆盖提早18天播种,在收获期不变的条件下,生姜产量达

4 168kg/亩，增产 19.53%；当地膜覆盖生姜后期利用大棚延迟 15 天收获，产量高达 4 612kg/亩，比露地栽培增产 32.26%，比地膜覆盖栽培增产 10.65%（徐坤等，2007）。

表 3-1　不同栽培方式对生姜产量的影响

栽培方式	播种期（日/月）	收获期（日/月）	生长期（日/月）	分枝数	叶面积指数	产量（kg/亩）	增产率（%）
露地栽培（CK）	23/4	21/10	181	13.8	7.5	3 487	—
地膜覆盖提早栽培	5/4	21/10	199	15.6	8.2	4 168	19.53
地膜覆盖延迟收获	5/4	5/11	214	15.7	8.4	4 612	32.26

可见，不论是露地栽培，还是设施栽培，只要环境条件满足生姜生长最低需求即可播种，亦即在适宜的播种季节内，以适当早播为好，播种越迟，产量越低。

（二）生姜栽培茬口

生姜产品为地下块茎，容易感染土传病害，其中以姜腐烂病最为常见。且常年在同一耕地种植生姜容易出现连作现象，导致病虫害加重、土壤营养失衡、产量和品质下降。轮作换茬是一种有效防治连作障碍的栽培技术。实行轮作换茬可有效地防止土壤带菌，减少发病机会，提高产量。种植生姜，最好选用新茬地，前茬作物以葱、蒜和豆类为最好，其次是花生和胡萝卜，凡种过茄子、辣椒等茄科作物并发生过青枯病的地块，以及连作并已发病的地块，均不宜种植生姜。生姜轮作和茬口安排以各地栽培的作物种类、时间和方式不同而异。以下介绍几种常见的轮作方式。

1. 姜→大蒜→玉米→小麦→姜

　　第 1 年　　　第 2 年　　　第 3 年

2. 姜→冬闲→玉米→大蒜→姜
    第1年   第2年   第3年

3. 姜→菠菜→玉米→大蒜→姜
    第1年   第2年   第3年

4. 姜→小麦→玉米→冬闲→马铃薯→姜
    第1年   第2年   第3年

5. 姜→冬暖棚瓜类、茄果类等喜温菜→姜
    第1年   第2年

生姜与冬暖棚瓜类、茄果类蔬菜轮作可以大大提高冬暖棚夏闲地利用效率，提高生产效益。但蔬菜作物若发生枯萎病、青枯病等病害时不宜与姜轮作，这种茬口的地块易发姜病。

（三）生姜主要栽培方式

生姜生产以安全、优质高产为主要目标。为了便于统一管理、控制农药残留，种植生姜以纯作为好。但为了提高土地利用率，增加农民收益，可在保障安全生产的前提下，进行生姜与其他作物的间作套种。

1. 生姜纯作

前已述及，生姜栽培生长期越长，产量越高。因此，在适宜的季节内，播种越早，收获越晚，生长期即越长。为此，人们利用栽培设施，改善环境条件，延长生姜生长期，提高产量。根据设施类型不同，可将生姜纯作分为以下几种栽培方式。

（1）露地栽培：生姜露地栽培的播种期一般在"谷雨"前后，收获期为"霜降"前后，生长期约180天。

（2）地膜覆盖提早栽培：生姜地膜覆盖提早栽培的播种期一般在4月15日前后，收获期与露地栽培相同，生长期约195天。

（3）小拱棚覆盖提早栽培：生姜小拱棚提早栽培的播种期一般在4月初，收获期与露地栽培相同，生长期约205天。

（4）大棚覆盖提早栽培：生姜大棚提早栽培的播种期，可根

据大棚性能或是否另加覆盖材料确定,一般可在3月播种,若后期不再覆盖薄膜延迟生长,其收获期与露地栽培相同,生长期215~235天。

此外,为了进一步延长生姜的生长期,还可在生姜生长后期,利用塑料薄膜进行覆盖栽培,延迟收获,提高产量。但收获期不可过晚,一般延迟到11月上旬即可。具体时间应根据当年温度的变化灵活掌握,但一般应在5cm地温降至13℃左右时进行收获。

2. 生姜间作套种

生姜间作套种是在保证安全生产的前提下,选取对生姜生长无妨碍且能为生姜生长环境提供有利条件的作物,与生姜进行间作,既提高了土地利用率,又为生姜的旺盛生长提供了有利条件,可以大大提高经济效益。生产过程中常用的几种间作方式如下。

(1) 麦姜套种:即小麦与生姜进行套种。种植方式为:9月底或10月初播种小麦,播前做宽1.8~2.0m的平畦,单行播种,每畦播3行,行距60~65cm,每亩的播种量为4~6kg。翌年4月下旬,在小麦行间和畦埂上分别套种1行生姜,株距20cm。该种植方式,每亩可收小麦250~300kg、生姜2 500kg。

麦田套种生姜多采用干播法。生姜播种前,需要进行准备工作:先在小麦行间和埂上开沟,沟深15cm左右,然后施用肥料,每亩约使用优质圈肥5 000kg,饼肥50~75kg,复合肥25~50kg,与土壤混合均匀后在沟内排放姜种,方法与单作相同,覆土4~5cm后浇水。6月上旬小麦成熟后,只收麦穗,留下秸秆为生姜遮阴。小麦应选择秸秆粗硬、抗倒伏、丰产性好、株高80~85cm的早熟小麦品种,这样既能防止秸秆倒伏,又能为生姜有效遮阴。"立秋"前后,小麦秸秆腐烂后,可结合追肥、浇水和培土将腐烂的麦秸埋入土中,以增加土壤有机质含量。播种生姜后到小麦收获期间,由于生姜幼苗较小,吸收养分能力弱,且两者的共生期只有15天,对小麦生长不造成营养竞争,可以获得小麦、生姜双丰收。

(2) 蒜姜套种:蒜姜套种是经常采用的栽培方法。其栽培方式有两种，一种是9月下旬种植大蒜，大蒜畦为1.2m宽的平畦，每畦播种4行，分大小行，大行距40cm，小行距20cm，株距12cm。翌年4月下旬在大行间套种生姜。另外一种是高垄种植大蒜，垄高10~15cm，宽40cm，垄沟宽30cm，垄上播种3行大蒜，翌春沟内播种生姜。

在大蒜行间及畦埂上开沟并施足基肥，基肥施用量与麦套姜一致，用干播法播种生姜。当有部分生姜出苗时，在管理大蒜时必须特别注意不要损伤姜苗。从生姜播种到收获大蒜，两者共生期为30~35天，从生姜出苗到大蒜收获只有10~15天。在两种作物共生期间，大蒜可为生姜遮阴。收获蒜头以后，应及时在姜的南侧（东西向）或西侧（南北向）插草遮阴。生姜播种时施入的大量基肥和充足的底水，为大蒜的旺盛生长和鳞茎的充分膨大提供了良好条件，能保证两种作物高产优质。一般每亩可收鲜蒜1 000kg，生姜3 000kg。

(3) 果树与生姜间作：幼龄果树树干较矮，株行间空地面积大，通风透光条件好。利用生姜耐阴这一特性，在幼龄果树（包括山楂、苹果和桃树等）行间间作生姜，可提高土地利用率，增加收入。

果树与生姜间作的主要方式是带状间作，即留出与树冠大小一致的地面给果树生长发育以足够的营养面积，一般1~3年生果树树冠直径1.5~2m，3~5年生果树树冠直径2.5~3m。冬季在果树行间深翻土地，第二年春天将土地整细整平，生姜播种前，在果树行间按50cm行距开沟施基肥并浇足底水，而后播种覆土。其他管理方法同单作。1~2年生幼树一般可根据树体的大小间作5~7行，3~5年生果树可间作4~6行。由于生姜种植在果树树盘以外，况且果树为深根性作物，生姜为浅根性作物，两者在吸收肥水方面无显著矛盾。同时，种植生姜时施入大量肥水，提高了土壤肥力，不仅可以满足生姜生长的需要，而且能满足果树生长需要，促进果树生长。生姜对地面的覆盖作用还可降低夏季土温和地面蒸发，保护果树根系。

（4）生姜与洋葱套种：于"白露"前后播种洋葱，"霜降"至"立冬"按 65cm 的行距起垄移栽，垄高 10~15cm，垄顶宽 25~30cm，每垄栽 2 行，行距 20cm。翌年 4 月下旬，在洋葱沟内施足基肥，"干播法"种植生姜。6 月上旬收获洋葱，此时生姜已出苗，应注意防止损伤姜苗，在姜沟内南侧（东西向）或西侧（南北向）插草遮阴。

从生姜播种至收获洋葱，两者共生期为 30 天左右，从生姜出苗到洋葱收获只有 10 天左右。在两种作物共生期内，洋葱可为生姜遮阴，改善生姜周围环境，有利于促进生姜出苗，并为生姜苗期旺盛生长创造有利条件。同时，生姜播种时施入的基肥和浇灌的底水为洋葱后期鳞茎的充实补充了养分和水分。据田间调查，套种洋葱地块的生姜产量与单种产量基本持平，平均每亩产 3 000kg 左右。洋葱产量虽比单种有所降低，一般每亩产 3 500kg，但提高了土地利用率，增加了效益。

（5）生姜与韭菜间作：4 月上中旬做宽 1.2~1.5m 的韭菜畦，进行韭菜播种，其中每畦播 4~5 行，行距 30cm，畦间距 1.8m。5 月上旬在韭菜畦间开沟，在沟内施足基肥，"干播法"播种生姜，其中每畦播 3 行，行距 50cm，株距 20cm，其余管理与生姜单作相同。10 月下旬生姜收获后，在韭菜畦北侧垒 50~60cm、南侧垒 10cm 高的土墙建成阳畦；于 11 月上旬覆盖塑料薄膜，寒冷季节夜间加盖草苫。12 月至第二年 5 月收获韭菜，于 3 月下旬天气转暖后拆除南畦北墙，5 月上旬再进行生姜间作。

虽然生姜与韭菜的共生时间较长，但由于共生期内韭菜不进行收割或收割次数较少，对生姜的损伤较小，且韭菜吸收土壤中的水肥较少，不影响生姜吸收养分，且生姜生长过程中施肥浇水量充足，为生姜收获后、韭菜冬季生长提供了充足的养分。

（6）大棚生姜与西瓜套种：由于生姜从发芽到前期生长时间较长，不能充分利用大棚空间，且西瓜栽培密度小，收获期早，叶面积系数较低，对生姜生长影响较小。因此，大棚生姜与西瓜套种是目前采用较普遍的一种方式。此套种方法西瓜多选用中早熟品种。

于12月下旬进行西瓜嫁接育苗，3~4叶时进行定植，定植前挖宽60cm、深30~40cm的丰产沟，沟间距4m左右，将有机肥与土混匀，填至沟内，并结合整地，每亩施优质圈肥10 000kg、豆饼100kg、复合肥50kg。将垄做成龟背畦或起高垄、大小畦。西瓜定植时间根据大棚情况而定，普通大棚一般在3月中下旬定植；大棚内若有多层膜覆盖，可于2月下旬定植，按50cm×50cm行距在沟内种植2行。生姜在西瓜小行中间播种一行，大行内按60cm左右行距开沟或挖穴播种，并覆盖黑色地膜，为生姜生长提供适宜温度。栽培管理方面，在西瓜第一个果定个前以西瓜管理为重点，第一果收获后则以生姜管理为中心。

（7）大棚生姜与马铃薯套种：马铃薯宜选用鲁引1号，津引8号，东农303等早熟品种。一般大棚内盖地膜的马铃薯可在2月上旬播种。马铃薯播种时，先按65cm行距开5cm深的浅沟。沟内浇水后，将带芽薯块按22cm左右的株距放入沟内，随后覆土。播种完毕后，喷施48%氟乐灵乳油（100~150mL/亩）或48%地乐胺乳油（200mL/亩）防除杂草，混土2~3cm后盖地膜。3月中旬将生姜播种于马铃薯行间，若有地膜，可用刀划开后，向两侧翻开。然后在沟内按每亩施用100kg饼肥、50kg复合肥，轻刨，肥土混匀后，开沟，按株距18cm左右播种生姜，覆土后浇水，并将地膜压好。5月上旬前后，可根据市场及马铃薯生长情况，决定马铃薯的收获时间。生姜的管理与纯作姜田相同，在马铃薯收获前以马铃薯为管理重点，马铃薯收获后，生姜的管理与大棚纯作生姜相同。

（8）大棚生姜与蔬菜套种：早春大棚内可种植的蔬菜很多，它们均可与生姜实行套种，最好选择耐寒性强、植株矮小、生长期短的蔬菜种类。因而早春结球甘蓝、花椰菜、矮生菜豆等均可与生姜套种，套种模式基本与马铃薯相同。

二、生姜安全栽培技术

(一) 生姜露地栽培技术

露地栽培是目前生姜栽培的主要方式。掌握科学合理的生姜栽培技术，对于生产优质高产的生姜具有重要作用。

1. 培育壮苗

生姜幼芽的强壮与否与植株的壮弱有直接的关系，严重影响生姜的产量。因此，生姜在播种前需要对姜种进行必要处理，以培育壮芽。培育壮芽通常按3个步骤进行，即晒姜困姜、选种、催芽。

（1）晒姜与困姜：晒姜即于播种前20～30天，将姜种从贮藏窖内取出，用清水洗去姜块上的泥土，平铺在草席或者干净的地上晾晒1～2天，傍晚时收进室内，以防夜间受冻。晒种主要有以下几方面的作用：

第一，提高姜块温度，促进内部养分分解，从而加快发芽速度。由于生姜在窖内温度较低，13～14℃，此温度下生姜处于休眠状态，无法直接进行播种。晒姜使姜体温度提高，姜芽打破休眠，适合萌发。试验测量发现：在室温22℃条件下，堆放室内而未经晾晒的姜块表面温度为21℃，内部温度为20℃；在阳光下晾晒的姜块表面温度为29.5℃，内部温度为28℃，姜体温度平均提高7℃左右。晒姜时应注意不可过度，晒姜过度则使姜种失水过多，姜块干缩，出芽细弱，即当阳光强烈时，可用席子遮阴。

第二，减少姜块水分，防止姜块腐烂。生姜在催芽过程中容易造成霉烂现象，这是由于生姜贮藏环境湿度较大，姜块含水量极高，而晒姜可适当降低姜块自由水含量，防止姜块霉烂。

第三，有利于选择健康无病姜种。带病姜块未经晾晒时，病症不甚明显，经晾晒之后，则往往表现为干瘪皱缩、色泽灰暗，病症十分明显，因而便于淘汰病姜，选择优质姜种。

晒姜后要进行困姜，即将晾晒后的姜种置于室内堆放 2~3 天，并覆盖草帘，目的是促进养分分解，为姜芽萌发储备养分，之后便可开始催芽。

（2）选种：选择优良种质，是后期培育壮苗的关键。晒姜与困姜过程以及催芽前须进行严格选种。选种时应选择姜块肥大、丰满、皮色光亮、肉质新鲜、不干缩、不腐烂、未受冻、质地硬、无病虫害的健康姜块作种，严格淘汰瘦弱干瘪、肉质变褐及发软的姜块。

（3）催芽：由于本地区春季仍低温多雨，因而应进行催芽。催芽可使种姜幼芽快速萌发，且种植后出苗快而整齐，因而是一项很重要的技术措施。催芽的过程，又称"炕姜芽"，多在"谷雨"前后进行，催芽的关键在于调节温度。试验发现，在 29~30℃ 条件下，催芽 10 天左右，芽长达 1.5~2cm，芽粗 0.8~1cm，芽细长；在 24~25℃ 条件下，催芽 20 天左右，幼芽粗壮，已达播种要求；在 20~21℃ 条件下，催芽 30 天，芽长 1.6~1.9cm，芽粗 1.1~1.4cm，幼芽肥壮，已达播种要求；在 16~17℃ 条件下，幼芽生长缓慢，催芽 60 天，芽长 0.9~1cm，芽粗 0.8~1cm，可以播种。由此可见，种姜在 16℃ 以上即可开始萌芽，在 20℃ 以下，发芽缓慢；在发芽过程中，以保持温度 22~25℃ 较为适宜；如高于 28℃，虽发芽较快，但姜芽往往徒长瘦弱。因此在催芽期间应按照姜发芽要求的适宜温度进行管理，温度太高时，应及时通风降温。

（4）壮芽标准及其影响因素：播种时选择大小一致的壮芽对于幼苗生长及产量有显著影响。应选择芽长 0.5~2cm、芽粗 0.6~1cm、幼芽肥壮、顶部钝圆、色泽鲜亮的种芽。试验表明，选用短壮芽播种，可比大芽播种增产 20% 以上。

生姜种芽有壮有弱，从外部形态看，壮芽芽身粗壮，顶部钝圆；弱芽则芽身细瘦，芽顶尖细。影响生姜种芽强弱的因素主要有以下 3 个方面。

①种姜的营养状况：俗话说"母壮子肥"，在一般情况下，凡

是种姜肥胖而鲜亮的,因营养状况好,其上所生幼芽多数较为肥壮;种姜瘦弱干瘪者,由于营养较差,其上所生幼芽多数比较瘦弱。

②种芽着生位置:由于顶端优势现象的存在,种姜的上部芽及外侧芽多较为肥壮,而基部芽及内侧芽则往往细弱。

③催芽温度与湿度:在22~25℃适温条件下催芽,所生幼芽健壮;催芽温度过高,形成的幼芽则细弱瘦长。若催芽期间湿度过低(主要是晒姜种过度引起姜种失水过多所致),也会造成种芽细弱。

2. 整地施肥

生姜根系不发达,在土壤中分布浅,吸水吸肥能力差,既不耐旱又不耐涝,因而姜田应该选择土层深厚、有机质丰富、保水保肥、能灌能排和呈微酸性反应的肥沃壤土。有条件的地方,最好实行3~4年的轮作。一般来说,近2~3年内发生过姜瘟病的地块不可种姜。

选定姜田后,通常于前茬作物收获后进行秋耕,经冬季雨雪风化,可以改善土壤结构,增加有效养分含量。翌年土壤解冻后,细耙1~2遍,并结合耕地施入大量农家肥,一般每亩施优质腐熟鸡粪5~8m³、过磷酸钙50kg,然后将地耙细整平。

由于气候条件等环境因素不同,生姜的栽培方式也不同,多采用沟种方式。具体做法是:在整平耙细的地块上按东西向或南北向开沟,沟距60~65cm,沟宽25cm,沟深15~20cm。为便于浇水,沟不宜太长,一般以50m左右为宜。若地块过长,可打截划区种植。

另外,在开好的沟内,用窄镢沿姜沟南侧(东西向沟)开一小沟,叫施肥沟,再将粉碎的饼肥集中施入沟中。一般肥料用量可每亩施饼肥75~100kg,另施尿素25~50kg、过磷酸钙50kg、硫酸钾25kg,或直接施入氮磷钾复合肥100kg。

3. 播种

(1)掰选姜种:由于姜块较大,不利于直接播种,所以应将较大块的姜种掰开，同时选择大小合适的姜块和幼芽，一般要求每块姜上只保留一个短壮芽，少数姜块可根据幼芽情况保留2个壮芽，其余幼芽全部去掉，以便使养分集中供应主芽，保证苗全苗旺（图3-1）。掰姜过程中还应注意观察姜种质量，应将幼芽基部发黑或掰开的姜块断面褐变的姜种剔除，保留优质姜种。在选择姜块大小时，应选择大小合适的较大姜块，出苗早，姜苗生长旺盛，产量较高。而较小的姜种出苗较晚，幼苗生长较弱，产量也较低。一般种块大小以75g左右为宜。由于种块大小与植株大小有直接关系，因此为了以后便于管理，掰姜时可按种块大小及幼芽强弱进行分级，即将瘦小的姜块和瘦弱芽姜块放在一起，肥胖姜块和健壮芽的姜块放在一起。种植时分区种植，便于统一管理。

（2）播种方法：根据栽培方式不同，常用的播种方式主要有以下3种。

①开沟播种：根据水肥施用的先后顺序，分为湿播和干播两种方式。生姜在发芽期间，为了保证土壤水分能够维持生姜顺利出苗，因此在生姜栽种前浇透底水，浇底水一般在沟内施肥后，于播种前1~2h进行，浇水量不宜太大，否则姜垄过湿，不便于下地操作。播种后再覆盖3~5cm细土，然后再次淋水或粪水。通过播种前后两次充分淋水，促进姜苗出苗。该播种方式所要求的劳动力较多。干播是指在播种前不浇水，向姜沟内施肥后，再撒施一层2~3cm的细土，之后再进行播种。播种后覆盖3~5cm的细土，最后进行一次性淋水。干播的优点是简化播种程序，便于规模化播种，但缺点是浇水容易不透彻。播种姜种过程中排放姜种有两种方法，一是平播法，即将姜块水平放在沟内，使幼芽方向保持一致，若东西向沟，则姜块沿沟南沿使芽一致向南；南北向沟则姜块沿沟的西沿，使芽一致向西。放好姜种后，用手轻轻按入泥中，使姜芽与土面相平即可，而后用手从姜垄中下部扒些湿润细土盖住姜芽，以免烈日晒伤幼芽。另一种方法为竖播法，即不管什么方向的沟，芽一律向上，其余措施与平播法相同。种姜播好后可用镢或者二齿钩将

垄上部的湿土扒下，盖住种姜，而后用铁耙搂平即可。一般要求覆土的厚度为 3~5cm，若覆土太厚，则下部地温较低，不利发芽；若覆土太薄，则因土壤表层易干，同样影响发芽。种姜播好后覆土前建议撒施少量速效化肥，然后覆土。

②撬窝播种：使用专业的撬窝容器或者开穴机械撬窝播种姜种。该方法播种姜种时应注意轻拿轻放，因为撬窝深度大，在放姜种时应用手直接将姜种置于洞底，且每个洞穴只能放一个姜种，多放后期生姜幼苗生长拥挤，影响产量和品质。播种后应先撒一层 2~3cm 的细土，然后再撒一层农家肥，最后用土覆盖。若土壤墒情较好，播种后可以不浇水，若土壤墒情一般或不好，则应在最后浇水促进出苗。

③挖窝播种：做 2m 宽的平畦，行距 40cm，株距 25cm，在挖好的窝内平放姜种后，覆土，浇足够的水分促进发芽。操作方便，便于实施。

（3）播种密度：生姜的总产量由单株产量组成，而生姜单株的产量受到多种因素的影响，如品种、生长期长短、水肥管理、田间管理等。长期的栽培管理发现，合理密植是生姜获得丰产的关键技术。因此，结合种植生姜的当地情况，确定合理的种植密度是一件比较复杂的事，必须考虑到各个方面的影响。一般开沟栽培的种植密度以 6 500~8 000 株/亩为宜。生姜按植物学特性分为疏苗型和密苗型。通常在土质肥沃、肥水充足、种姜块较大、生长期长和管理精细的条件下，生姜植株往往茎叶繁茂，植株高大，因而播种时采用的行、株距应适当加大，防止姜田郁闭而通风透光不良，使叶片进行充足的光合作用，产生足够的光合产物，从而让个体能得到较好的发展，充分发挥个体产量的优势，此为疏苗型；相反，在山岭薄地及肥水不足、种块较小或生长期短的条件下，往往植株个体较小，植株进行光合作用的叶片面积变小，为充分利用田间光能和土地利用率，应适当增加种植密度，争取较高的产量，此为密苗型。生姜的播种量除了受种植密度的影响，还受姜块大小的影响。

高产地区一般要求每亩用种量在400~600kg，一般性的土地或种姜新区用种量可适当减少，但也不能低于每亩300kg。

4. 田间管理

（1）遮阴：生姜为耐阴植物，不耐高温强光，无论南方或北方均需进行遮阴栽培。并且露地栽培的生姜幼苗期，正处夏季，天气炎热，阳光强烈，空气干燥，如无遮阴措施，则姜苗矮小，生长不良。

①遮阴的作用：第一，遮阴可适当减弱光照强度，避免强光直射，为姜苗生长创造适宜的光照条件，减轻强光对姜苗生长的抑制作用。生姜幼苗期，正处在夏季高温季节，烈日炎炎，尤其在中午前后，自然光照很强，进行适当遮阴，使姜苗处在花荫状态。试验表明，无遮阴处理的生姜叶片有明显的光抑制现象，其中又以中午光照最强时抑制程度最重。对生姜进行一定程度的遮阴，可以降低光抑制，证明遮阴具有改善田间光照条件的作用。第二，遮阴可改善田间小气候，为姜苗生长创造适宜的环境。据测定，6月中旬至7月中旬，遮阴可明显降低温度，在晴朗天气，气温可比不遮阴姜田降低1~2℃，阴天降低0.5~1℃。遮阴对0~4cm处地温影响较大，气温可比不遮阴姜田降低3~6℃，中午可降低5~6℃，早晨和傍晚可降低1.5~4℃。第三，遮阴可以减轻强光对叶绿素的破坏作用，使姜叶保持较高的叶绿素含量，提高光合作用，降低蒸腾速率，对促进姜苗旺盛生长起积极作用。第四，适当遮阴可促进生姜生长健壮，从而提高根茎产量。据试验，遮阴可使主茎增高，分枝数和叶数增多，叶面积扩大，全株鲜重和根茎鲜重也都相应增加。

②遮阴的方式：遮阴的方式主要有三种。一种是利用遮阳网覆盖遮阴。一般在生姜开始进入旺盛生长时进行覆盖遮阴，可使用水泥柱、竹竿等材料搭成2m高的棚架，覆盖遮阳网。遮阳网的遮光率要求在30%~40%，遮阴太少则达不到遮阴效果，遮阴太多则易使姜苗徒长，茎秆变纤细，影响产量和品质。第二种是利用带颜色的防水涂料，喷到棚膜上，或者利用有色棚膜。第三种是采用间套

作其他作物的方式以达到遮阴和增加收入的双重目的。其套作作物及栽培方式之前已作叙述,在此不做重复。

(2) 田间除草:铲除杂草是生姜幼苗期的主要工作。若杂草铲除不及时或不干净,容易产生草荒,与姜苗竞争水分和田间肥料,恶化生姜生长环境,造成减产。因此应采取有效的措施铲除田间杂草,保证生姜苗壮生长。

①生姜为浅根性作物,根系主要分布在土壤表层,不宜深中耕,以免伤根。一般在出苗以后,结合浇水进行浅中耕1~2次,起松土保湿、提高地温和清除杂草的作用。通过中耕,不仅能改善土壤的透气性,减少水分蒸发,还可以促进土壤微生物活动,加速肥料分解,有利于姜苗生长。对沙性土质的姜田,如苗期雨水较少,杂草较少,可酌情少中耕。

②采用化学方法除草,即使用安全有效的低毒除草剂进行杂草铲除。姜田马唐、稗草、狗尾草、牛筋草等一年生禾本科杂草可选用10%精喹禾灵乳油、10.8%高效氟吡甲禾灵乳油、12.5%烯禾啶机油乳剂等。若杂草丛生,可用18%草铵膦对杂草定向喷雾。若土壤湿润、杂草较少时,可适当减少农药用量,若气候干燥、杂草较多时,可适当增加用量。

(3) 合理浇水:生姜喜湿润而不耐干旱,亦不耐涝。生姜根系较浅而不发达,吸水能力较弱,难以利用土壤深层的水分,因此栽培中必须根据生姜的需水特性合理进行排灌,保证生姜健壮生长。

①发芽期水分管理:首先播种时必须浇透底水,以保证生姜顺利出苗。一般情况下,播种后通常在出苗达70%左右时开始浇第一次水,之后2~3天,紧接着浇第二次水,接着中耕保墒,可使姜苗生长壮旺。但若土壤保水性较差或遇干旱天气时,应根据实际情况酌情浇水,并保持土壤湿润。

据姜农经验,第一次水要浇的适时,不要太早或太晚。如浇水太早,土表层容易板结,幼芽出土困难,易造成出苗不整齐;如浇水太晚，则姜芽受旱，牙尖容易干枯。因此，要根据当地当时情况，选择合适的时间进行浇水，保证姜苗顺利出土。

②幼苗期水分管理：由于幼苗期植株较小，生长缓慢，因此需水不多，但幼苗期对水分要求比较严格。生姜幼苗期时，正逢春末夏初干旱季节，此时容易缺水，需格外注意。幼苗期水分管理根据其生长分为幼苗生长前期和后期。在幼苗生长前期，植株小，气温低，土壤湿度大，不利于提高地温，应在干旱时以浇小水为宜，浇水后趁土壤见干见湿时，进行中耕浅锄，松土保墒，以利于提高地温，促进根系发育。在幼苗生长后期，已进入夏季，天气干热，土壤蒸发量大，消耗水分多，因此应适当增加浇水次数与浇水量，经常保持土壤相对含水量在70%左右。注意浇水时间宜选在夏季的早晨或傍晚，不要在中午浇水，这样既防土壤干旱，又可降低地温，同时防止较低温度的水对生姜根系生长造成影响。另外夏季暴雨之后，应以浇跑水的方式及时浇井水降温，俗称为"涝浇园"。同时还应及时排水，以免姜田积水引起姜块腐烂，造成病害。

在整个幼苗期，要注意供水均匀，不可忽干忽湿，若供水不均匀，不仅姜苗生长不良，而且常使新叶扭曲不展，俗称为"缩辫子"，影响姜苗正常生长。

③旺盛生长时期水分管理：一般在"立秋"后，生姜便进入旺盛生长时期，生长速度加快，地上部发生大量分枝和新叶，根茎也迅速膨大。此时由于生长量大，需水量也相应增多。为了满足该生长时期对水分的要求，根据天气情况，一般每隔4~6天浇一次大水，以保持土壤相对含水量在75%~80%，促进产品器官迅速形成。在收获前3~4天再浇一次水，使收获时的姜块带有潮湿泥土，以利于入窖贮藏。

若生姜种植地的水源不足，为节约用水，可安装喷灌设施进行喷灌。研究发现，使用喷灌设施不仅节约用水60%，生姜产量还有所增产，比一般地面灌溉的生姜增产约12.7%，且其维生素C、蛋白质及含糖量均较地面灌溉的生姜高。表明喷灌不仅节约用水，还提高了生姜的产量和品质。

（4）追肥：生姜生长期较长，需肥量大，属于耐肥作物，一定范围内，生姜的产量与施肥量呈正相关。生姜的生长期长，需肥量大，因此，除了应施足基肥以外，还必须进行分期追肥，才能满足生姜生长对养分的要求。

施肥时期：前期对生姜的栽培管理中涉及部分生姜的施肥时期以及施肥量等，除播种时施用的基肥外，生姜生长期一般还需进行3次追肥。

第一次追肥：在幼苗期，虽然植株生长量较小，但由于幼苗期较长，因此需要在幼苗期进行追肥，促进幼苗苗壮生长。第一次追肥一般在生姜幼苗30cm左右并且具有1~2个小分枝时进行，追肥以氮素化肥为主，每亩施用硫酸铵或磷酸二铵20kg左右。此次施肥被称为"小追肥"或"催苗肥"。

第二次追肥：一般在"立秋"前后，生姜进入生长旺盛期时，此时生长加快，需要大量积累养分形成产品器官，因此需肥需水量大。第二次施肥可结合中耕除草进行，称为"大追肥"或"转折肥"。此次施肥一般选用豆饼肥或肥效持久的农家肥与速效化肥结合施用，每亩可用饼肥70~80kg、腐熟鸡粪3~4m³、复合肥50~100kg或尿素20kg、磷酸二铵30kg、硫酸钾50kg。若无饼肥，可用腐熟的优质厩肥3 000~4 000kg代替，在姜苗北侧距植株基部15cm左右位置开一条施肥沟，将肥料撒入沟中，覆土封沟。

第三次追肥：一般在9月上旬，此时姜苗长至6~8个分枝，正是根茎迅速膨大时期，应根据植株长势适时施肥，称为"补充肥"或"壮姜肥"。对于长势弱或土壤肥力差的姜田，可追施速效化肥，尤其是钾肥和氮肥，补充植株根茎生长所需的大量元素。化肥的施用量一般为复合肥25~30kg，或硫酸铵25~30kg、硫酸钾25kg。对于土壤肥力高、植株生长旺盛的姜田，要不施或少施氮肥，避免茎叶徒长而影响养分积累。

生姜需要完全肥，生长期除了需要追加氮磷钾大量元素外，还需要施加微量元素，使生姜获得全面营养。王晓云（1994）试验发现，增施锌肥和锌肥加硼肥，能够促进生姜茎叶和根茎的生长，特别是在生长后期，对根茎膨大较为明显。其中，每亩地施加 2kg 硫酸锌比对照增产 23.9%；每亩地施加硫酸锌 2kg 加硼砂 1kg 比对照田增产 38.9%（表 3-2）。

表 3-2 施锌、硼微肥对生姜产量的影响

处理	分枝数		生物学产量（g/株）		经济产量	
	（个/株）	（万个/亩）	鲜重	干重	（kg/亩）	（%）
不施微肥（对照）	8.0	5.04	359.8	42.2	1 315.2	100
施锌	8.6	5.42	432.7	51.6	1 630.2	123.9
施锌+硼	9.3	5.86	493.3	58.4	1 827.0	138.9

锌肥和硼肥一般用作基肥或根外追肥。作基肥时，一般每亩地加 1~2kg 硫酸锌和 0.5~1kg 硼砂，与有机肥或细土均匀混合，施加到播种沟内即可。若作叶面喷施，硫酸锌施用范围一般为 0.05%~0.3%，硼肥浓度为 0.05%~0.1%，分别于生姜幼苗期、发棵期、根茎膨大期喷 3 次，效果较好。施用硼肥时应注意硼肥用量，不可过多，过多会造成毒害。

5. 收获

生姜的收获可分为收种姜、收嫩姜和收鲜姜 3 种。

（1）收种姜：生姜与其他作物不同，种姜发芽长成植株形成新姜后，其种姜内部组织完好，既不腐烂也不干缩。原因是种姜在供给幼苗养分的同时，地上茎叶的同化物质有少部分回流到种姜内。种姜可与鲜姜一并在生长结束时收获，也可提前至幼苗后期收获，北方称为"扒老姜"。具体操作是：顺着姜种排列方向，用箭头形竹片或窄形铲刀将土层扒开，露出姜种，左手压住姜苗根部土壤，右手执铲刀将种姜与新姜折断，取出种姜后及时封沟。若收种姜时姜苗根系晃动，则应及时浇水沉实土壤。收种姜应选在晴天进

行，不可在下雨前后进行，防止地湿操作不便，踩实土壤。

（2）收嫩姜：收嫩姜即在根茎旺盛生长期，趁姜块鲜嫩时，提前于"白露"至"秋分"收获，此时根茎组织柔嫩，姜丝少，水分多，辛辣味淡，适于腌渍、酱渍或加工成糖姜片、醋酸盐水姜芽等食品。但此时根茎尚未充分发育，产量较低。

（3）收鲜姜：一般于10月中下旬，初霜到来之前，地上茎叶尚未霜枯时收获。此时气温已降至11～15℃，根茎组织已充分老熟，是生姜的主要收获季节。收获前3～4天，先浇一次水，使土壤湿润，便于收刨。若土质疏松，可抓住姜叶整株拔出，轻轻地抖掉根茎上的泥土，然后自茎秆基部（保留2～3cm地上茎）掰去或用刀削去地上茎。随即将带有少量潮湿泥土的根茎入窖贮藏，无须晾晒（图3-2）。

（二）生姜保护地栽培技术

利用塑料设施保护生姜的生存环境，使生姜提早栽培或延迟收获，适宜的设施类型有阳畦、小拱棚、大拱棚和日光温室。笔者根据不同拱棚大小（1～12m宽拱棚，图3-3），对生姜生产进行了相关研究，试验结果如表3-3所示。

表3-3 生姜栽培模式试验调查表

	定植时间（月.日）	出苗时间（月.日）	生育期（天）	亩投入（元）	亩产量（kg）
1m 小拱棚	4.8	5.4	200	1 230元竹批+220元绿膜	6 529.6
2m 小拱棚	4.2	4.28	206	1 698元竹批+318元绿膜	7 972.6
6m 中拱棚	3.15	4.12	224	3 552元（镀锌管）+1 492元无滴膜	8 802.1
12m 大拱棚	2.26	3.26	242	26 000元（建造成本）+1 191元无滴膜	9 864.3

由表3-3可以看出，随着设施面积的增加、生姜生育期延长，

亩产量明显增加，由于12m大拱棚建造成本过高，推广难度大，6m中拱棚投资相对较小，镀锌管可以多年使用，年成本较低，产量较高，最终确定6m中拱棚为最适合生姜栽培模式。

生姜保护地栽培与常规露地栽培的基本步骤是相同的，但保护地栽培又有其特点。在此简要叙述栽培要点。

1. 提早播种

生姜生长期与产量关系极为密切，生长期越长，产量越高。因此，保护地提早播种是获得生姜高产的关键，根据不同保护类型的性能及生态效应和近年来的生产实践，地区生姜播种期为：地膜覆盖栽培可在4月上中旬；大棚覆盖栽培在3月下旬；地膜覆盖加盖大棚栽培可在3月中旬；日光温室栽培可于2月下旬。

2. 加温催芽

保护地栽培播种时间提前，因此催芽时间也大大提前。因催芽期温度尚低，难以保证幼芽在合适的温度下萌发，故应采用加温方法催芽。生姜加温催芽的方法较多，姜农常用的有火炕催芽法、电热温床催芽法、电热毯催芽法等。催芽过程中保持外界温度25~30℃，姜芽萌动时保持温度22~25℃，待姜芽长至1cm左右时即可播种。

3. 重施基肥

保护地栽培生姜的生长期长，单株生长量大，对肥料的吸收量多，再加上覆盖栽培设施后施肥不便，因此应加大基肥施用量，以保证生姜整个生长期对肥料的需求。一般每亩施充分腐熟鸡粪6~8m³，深翻后，开沟起垄，在沟底每亩施入75kg饼肥、50kg过磷酸钙、30~50kg尿素、25~50kg硫酸钾。为防止地下害虫，可一并施入2kg硫磷颗粒剂。

4. 宽垄稀播

为充分发挥保护地生姜生长期长的优势，以发展单株、扩大群体，进而在提高产量的同时，提高商品品质，保护地栽培生姜的密度应小于露地栽培。据试验，种植大姜以行距65cm、株距20~

22cm、每亩栽植5 000株为宜；种植小姜以行距60cm、株距20cm、每亩栽植5 500株左右为宜。

5. 除草覆盖

保护地栽培的生姜生长速度一般比杂草生长缓慢，若不及时清除杂草，会造成保护地杂草丛生，破坏生姜生长条件。尤其是地膜覆盖的保护地，清除杂草工作不方便进行，因此应在播种后认真做好化学除草工作。可在播种后施用施田补、乙氧氟草醚等除草剂。但必须注意，进行绿色或有机生姜生产时，严禁使用任何除草剂。除此之外，选用黑色地膜可有效抑制杂草生长。为提高地膜效应，可选用宽幅地膜，一次覆盖2~4沟，无须割开，两边压实，中间隔一定距离压一小堆土。大棚栽培者，最好在生姜整地后播种前，提早5~7天盖棚，以利地温提高；若不能提早盖棚，则应在盖地膜后及时盖棚。

6. 环境调控

环境调控包括保护地内的温度、湿度、气体等方面，环境的好坏严重影响了生姜的生长及产量，因此，必须严格控制保护地内的环境变化。

（1）温度调控：保护地能提高设施内的大气温度以及土壤温度，因此保护地内的生姜可提早种植，延迟收获，延长生长期。但6月以后，外界温度很高，需要昼夜通风，维持大棚内温度不宜过高。在冬春或深秋季节，棚内温度较低，不能满足生姜对温度的需求，因此通过采取一些手段来提高温度，如提前覆盖地膜或扣小拱棚，增加土壤热量贮存，有利于提高棚内地温；夜间设置防寒裙；在大棚内增施有机肥等。

（2）湿度调控：大棚栽培环境中，由于薄膜不透气，当大棚密闭不通风时，棚内的空气湿度在80%以上，夜间时外界温度低，棚内湿度可达饱和状态。而生姜喜湿润，因此棚内湿度有利于生姜生长。大棚内的湿度可以通过通风和浇水来进行调节。另外，大棚内覆盖地膜可有效阻止土壤中水分散失，增加土壤湿度的同时，降低空气湿度。

（3）光照调节：塑料大棚的光照条件受季节、天气、薄膜种类及覆盖方式等因素的影响。大棚的垂直光照差是上层光照较强，向下依次降低，近地面处最弱。因此，生姜种植时可用不同颜色的棚膜进行遮光（图 3-4）。笔者研究了不同棚膜遮光方式对昌邑大姜生长的影响，发现对照普通膜+遮阳网的遮阳方式在产量等方面要略高于其他两种方式，但其余两种方式在用工量和成本上要明显低于对照（表 3-4）。笔者认为：双色膜遮阳栽培为生姜最佳栽培模式，双色膜遮阳为生姜最佳遮阳方式。

表 3-4　昌邑大姜遮阳试验调查表

遮阳方式	种植时间（月.日）	出苗时间（月.日）	株行距（cm）	株高（cm）	茎粗（cm）	开展度（cm）	病株（株）	人工成本（元/亩）	材料成本（元/亩）	平均亩产（kg）
CK 普通膜+遮阳网	4.8	5.10	22.5×65	117.7	0.9	27.3	6	300	1 220	3 889.5
绿膜	4.8	5.10	22.5×65	97	0.77	24.3	5	—	180	3 702.3
双色膜	4.8	5.12	22.5×65	110	0.83	30.3	4	—	140	3 808.6

（4）气体调节：由于塑料大棚是密闭的环境，外界气体与棚内气体交换严重受阻，棚内二氧化碳浓度不均衡，有毒气体积累。其中氨气和亚硝酸气体主要是一次性施用大量有机肥、铵态氮肥或尿素造成的，当在土壤表面施用时产生的有毒气体会增多；乙烯和氯气等主要是不合格的农用塑料制品中逸出。可以采取以下措施对棚内气体进行调节：通风换气、增施有机肥、利用化学反应调控大棚内二氧化碳平衡；选择农用无毒塑料薄膜、有机肥发酵腐熟后适量施用等。

7. 水肥管理

保护地内多选用滴灌的方式进行浇水，既能节约用水，又能保证生姜产量（图3-5）。由于保护地内的地膜等设施降低了地面水分的蒸发，因此其浇水次数较露地少。一般出苗前为防止地温降低，不得浇水；出苗后浇一次透水，之后始终保持地面湿润。待7月中旬撤除地膜及棚膜后，管理与露地相同。

生姜保护地栽培因生长期延长，姜苗提早生长，故追肥也应适当较露地提早，一般提苗肥可在6月上旬结合浇水，顺水冲施少量氮肥（每亩15kg尿素），至7月初再冲施同量尿素。大追肥也应比露地栽培提早进行，一般在7月下旬撤除地膜，先划锄松土，晾晒2~3天后，开沟施肥，追肥量与露地相同，之后管理也可参考露地栽培进行。

8. 延迟收获

生姜大棚栽培，可在10月上旬扣膜，进行延迟生产。扣棚后，白天温度控制在25~30℃，夜间15~18℃，延迟生姜的收获期一般掌握在11月上旬。

笔者单位根据多年生产经验，制定了"大姜春拱棚生产技术规程"和"加工专用生姜拱棚栽培技术规程"，具体内容如下。

生姜春拱棚生产技术规程

1. 品种选择

生姜春拱棚栽培应选择植株高大、分枝少、茎秆粗壮、茎块肥大、单株生产能力强的疏苗型品种。

2. 播前准备

（1）地块选择：选择土质肥沃，水浇条件好，无姜瘟病地块。

（2）精细整地：进行冬耕，早春精细耙地。

（3）配方施肥：结合整地每666.7m^2撒施优质腐熟鸡粪3~4m^3或优质圈肥2 500~5 000kg作基肥，按65~75cm行距开沟备播，沟施豆饼（大豆）75kg，生物有机复合肥80kg，硫酸钾30kg，锌肥2kg，硼肥1kg作种肥。

（4）精选姜种：于适期播种前30天左右从窖内取出种姜，清水冲洗后，选用姜块肥大、丰满、皮色光亮、肉质新鲜、不腐烂、未受冻、质地硬、无病虫健康姜块作种。按种姜块重75g左右标准，每666.7m²备种姜500kg左右。

（5）晒姜困姜：于晴天上午八九点钟进行晒姜，晚上收起，重复2~3次，至姜皮发白发亮。晒困过程中，注意严格淘汰表皮干瘪皱缩、色泽灰暗的姜块，确保姜种质量。

（6）炕姜催芽：对精选、晒困后的姜种，用高效低毒杀菌剂浸种，晾干后上炕催芽，催芽温度掌握在22~25℃，20天后，待姜芽生长至0.5~1cm时，按姜芽大小分级备播。

3. 播种至出苗期

（1）适期早播：山东地区地膜覆盖栽培加扣小拱棚双膜覆盖可在4月上中旬播种；大拱棚内覆盖地膜加扣小拱棚三膜覆盖栽培在3月上旬播种。

（2）宽垄稀播：春拱棚栽培大姜的密度应小于露地栽培，以行距60~70cm，株距不小于23cm左右，沟深30cm，每666.7m² 4 000株左右为宜，覆土厚2cm左右，然后耙平土面。

（3）化学除草：盖膜前用除草剂33%施田补乳油、24%果尔乳油或其他适合生姜生产的除草剂对水喷施。

（4）适时遮阴：生姜出苗达50%时，及时进行姜田遮阴。高位棚式遮阳网：利用水泥柱、竹竿扎成2m高拱棚架，扣上遮光率为30%的遮阳网。条幅立式遮阳网：将幅宽60~65cm，遮光率为40%的遮阳网（或农膜打孔遮阳网），成幅立式拉于生姜行间，用竹、木固定。用有色地膜代替遮阴物地面覆盖。

4. 生长中后期

（1）重施分枝肥，补施叶面肥：7月中下旬结合撤除遮阴物，开沟追施生物肥100~150kg，豆饼（大豆）50kg，硫酸钾30kg，追肥后及时浇水，或随水冲施。9月中下旬根据姜苗长势，进行叶面追肥，每7~10天喷一次，连喷3~4次。

（2）及时浇水，分次培土：在姜苗70%出土后，根据天气、土壤质地及土壤水分状况掌握浇水。苗期不宜浇水太勤，以膜下浇小水为宜。夏季浇水以早晚为好，且忌中午浇水。注意雨后及时排水。立秋前后，生姜进入旺盛生长期，需水量增多，需4~5天浇一水，始终保持土壤的湿润状态。收获前3~4天浇最后一水。自施用分枝肥后，根据生姜生长情况，及时进行分次培土2~3次。

（3）适时收获：10月20日前后收获。

（4）拱棚延迟：初霜前在姜田架起拱棚，扣上农膜保护延时，使生姜生长期延长20~30天收获，可平均666.7m^2增产生姜35kg以上。

5. 综合防治病虫害

（1）姜瘟病：以综合防治措施为主，严禁应用剧毒农药。

①轮作换茬。

②对带菌地块进行土壤处理，注意施净肥、浇净水，选用无病姜种。

③及时排水防涝。

④药剂防治。于发病前10~15天用64%普杀得可湿性粉剂等药物灌根，每隔7~10天1次，连灌3~5次。发现病株及时拔除，用以上药液进行土壤处理，并用石灰打点做标，待生姜收获后，将此处土壤深埋处理。

（2）虫害：生长期间主要虫害有生姜螟虫、甜菜夜蛾、生姜蓟马等，要及时搞好虫情观测，在发生前搞好药剂防治，可选用新型仿生杀虫剂20%米满胶悬剂或1.8%蔬富家乳油等喷雾防治，每7~10天防治1次。

地下害虫防治于播种时每666.7m^2施用5%辛硫磷颗粒剂2~3kg，撒施于播种沟内防治。

6. 井窖贮藏

生姜入窖前，彻底清扫姜洞及窖底。用百菌清、多菌灵等杀菌剂及敌敌畏杀虫剂对井窖进行杀菌、杀虫处理。生姜入窖结束后，用一块1m见方的农膜平铺于井底，堆放3~5kg麦草，倒入0.25kg

80%敌敌畏原液，熏杀姜蛆成虫，防止姜蛆发生。也可用辛硫磷颗粒剂。于小雪前后封井口。人员入窖前要注意先通风，防止伤亡事故发生。

7. 产品安全控制措施

（1）严禁在生姜生产中使用高毒、高残留农药，推广使用生物农药、生物有机复合肥料。

（2）严格执行国家标准中及本规程中规定的施药量。

（3）严格执行农药安全间隔期。

（4）生姜应经过农药残留检测合格。

加工专用生姜拱棚栽培技术规程

1. 品种选择

山东地区种植的生姜品种分为大姜品种和小姜品种，按照加工方法的不同可选择合适的生姜品种进行种植。加工姜油、姜片、姜粉等产品宜选择辛辣与香味重、干物质含量高的小姜品种，如莱芜小姜、小黄姜等品种；加工姜汁、姜蓉、腌姜等产品宜选择纤维细腻、含水量高的大姜品种，如安丘大姜、昌邑大姜等。

2. 栽培季节选择

催芽时间要比传统栽培方式的催芽提前一个月，一般在2月底至3月初。播种时间在3月底至4月初。

3. 地块选择

姜忌连作，最好与水稻、葱蒜类及瓜、豆类作物轮作，并选择土壤肥沃、土层深厚、疏松、排水良好的壤土或沙壤土地块种植。

4. 大棚设施准备

拱棚分为大拱棚和小拱棚。大拱棚建造以在头年土壤上冻前结束为宜，棚膜覆盖可在播种前半个月进行，覆膜后闷棚进行升温处理，提高地温和棚内气温。

5. 播种前准备

（1）选种：播种前要精选姜种，宜选择姜块粗壮、丰满、有光泽、肉色鲜黄、无明显缺陷、未受冻、无病虫为害的姜块作姜种，种姜以选择重 50~100g、有 1~2 个壮芽的姜块为好，太大的姜块，可用刀切或用手掰开，伤口用草木灰或石灰进行消毒后才能播种。

（2）消毒：催芽前，姜种宜浸种消毒，方法是先将种姜摊开晾晒 1~2 天，再用 1∶1∶120 的波尔多液浸种 10min，然后将种姜捞出晾晒半天，风干外层水分。

（3）催芽：催芽期间，前 7 天温度保持在 26~28℃，第 8~17 天温度保持在 22~24℃，之后温度保持在 20℃左右，20 天后当芽长 0.5~1.0cm 即可播种。播种时要保证每个姜块有一个芽。

（4）整地施肥：整地前，每 666.7m^2 撒施腐熟有机肥 2 500~5 000kg，耕地时翻入土壤。应使用机械耕翻土壤，深度 25cm 以上，耕深耙实。开沟施肥，每 666.7m^2 施大豆饼 75kg、生物肥 80kg、硫酸钾 20kg、尿素 10~15kg、硼肥 1kg、锌肥 2kg，顺沟撒施，划锄混匀。禁止施用生活垃圾、工业废渣、污泥及污泥肥等。

（5）播种：一般采用开沟条播，沟深 10~12cm，沟底挖松土壤 10cm 左右，以利于块茎膨大。合理密植，根据芽子的大小、强弱分级播种，播种行距 40~60cm，株距 26~30cm，每 666.7m^2 种植 4 000~5 000 株。小姜品种植密度大于大姜品种。播种时将姜种斜放，芽朝一个方向排列，排好后用充分腐熟的农家肥覆盖（厚度 6~8cm），再覆盖少量细土即可。

（6）覆膜扣棚：覆膜前用除草剂均匀喷撒地面，10~15 天后苗逐渐出齐，小拱棚栽培播种后，接着用膜扣好棚。

6. 田间管理

（1）水分管理：姜播种后如土壤湿润不需浇水即可出苗，如果土壤干燥应浇 1 次水，但不宜过多。出苗后视土壤墒情及植株长相适时浇水。

（2）温光管理：茎叶生长期棚温保持在 20~28℃较为适宜，超过 28℃要及时放风。分蘖期后，块根开始膨大，根尖进入旺盛生长期，为积累大量养分，要求白天和夜间保持一定温差，白天温度保持在25℃左右，夜间温度保持在17~18℃为宜。姜怕强光，拱棚栽培棚膜覆盖可遮盖部分强光，也可加盖遮阳网遮阴。生姜封垄后撤除遮阴物。

（3）追肥：姜极耐肥，除施足基肥外，应多次追肥，追肥一般应前轻后重。第1次在幼苗出齐、苗高30cm左右时追施壮苗肥，每666.7m²用水溶肥5~10kg随水冲施。第2次追肥是在分蘖期，一般每666.7m²施高钾复合肥50~75kg；如果姜田基肥充足，植株生长旺盛，表现无脱肥现象，这次追肥可少施或不施，以免引起植株徒长。第3次追肥在姜块膨大期，此期根茎旺盛生长，为促进姜块迅速膨大，防止早衰，每666.7m²冲施高氮复合肥75~100kg，半个月后再每666.7m²冲施复合肥50~75kg。

（4）中耕培土：中耕培土是姜膨大高产的关键。当苗高15cm左右时结合中耕除草进行培土，可采用小型田园管理机械进行，培土厚度3cm左右。随着分蘖的增加，每出1次苗追1次肥培1次土，培土厚度以不埋没苗尖为度。一个生育期一般培土3~4次，使其原种植沟变成埂。培土可以抑制过多的分蘖，使姜块肥大。

（5）病虫害防治

①姜瘟病。主要为害叶及根茎部，以高温期发病重。农业防治是防治姜瘟的根本方法，主要措施是实行轮作换茬、选用无病种姜、防止病田水流入灌溉等。化学防治：种植前可用农用硫酸链霉素进行浸种处理；发病初期可用农用硫酸链霉素或氯溴异氰尿酸对水后灌根或喷淋进行防治。

②玉米螟。主要是玉米螟幼虫为害。可用4.5%高效氯氰菊酯乳油30~50倍液喷施防治。

（6）适时扣棚：在10月中旬（寒露后霜降前），昼夜温差大，是块根生长膨大的旺盛期，把春季揭下的大棚膜再次扣上，扣前应浇水1次，并666.7m²追硫酸钾复合肥25kg，延长大姜生育期30天左右，扣膜后的管理应根据土壤墒情、苗情实际，加强肥水管理，并及时调控温度。

7. 及时收获

根据生姜不同的加工类型合理选择收获期，用于姜汁、姜蓉、腌姜等产品加工时姜块形成后即可开始收获；用于姜油、姜片、姜粉等产品加工可等根茎组织已充分老熟后再行收获。

（1）小拱棚：与地膜覆盖和露地栽培的大姜一样，一般于10月中旬，初霜到来之前收获。收获前3~4天，先浇水一次，使土壤湿润，便于收获。收获时拔出植株后，轻轻地抖掉根茎上的泥土，然后在基部用刀割去地上茎叶，要保留2~3cm地上茎，随即将带有少量泥土的根茎入窖贮存，无须晾晒。

（2）大拱棚：在10月中旬扣上棚膜再过30天后，相同于小拱棚的方法，选择晴天迅速收获入窖。

8. 生产档案

每个拱棚应建立独立、完整的生产记录档案，保留生产过程中各个环节的有效记录，以证实所有的农事操作遵循本指导性技术文件规定。记录应当保留3年以上。

（三）鲜食嫩姜日光温室栽培技术

随着人们生活水平的提高，对新鲜生姜的需求也日益增长，尤其是春节前后，无论是作为鲜姜供应，还是作为礼品菜，都具有非常高的经济效益。因此，日光温室越冬栽培鲜食嫩姜为姜农致富开辟了新的途径。

1. 日光温室选择

应选择采光和保温性好、在冬季温度不低于15℃的日光温室。

2. 品种选择

日光温室越冬栽培的生姜应选择纤维素含量少、辣味稍淡的食用、加工型品种，以便同时作为菜用或调味用。潍坊地区一般选择昌邑娃娃姜为栽培品种。

3. 种姜处理

8月初从姜窖中选择姜块肥大、丰满、有光泽、肉色鲜黄、未受冻、无病虫害的健壮姜块作种，此时姜种已有1~2cm长的姜芽，不必催芽。于遮阴处进行姜芽绿化10天左右，待姜芽变绿后即可进行播种。

4. 重施基肥与整地开沟

日光温室前茬作物收获后，要进行消毒处理并翻地整地。每亩应施入有机肥2 500~5 000kg，草木灰75~100kg、生物菌肥25kg作为基肥。按照65cm行距、沟深10~12cm进行开沟。

5. 播种与合理密植

8月中旬，播种前，将姜种掰成50~75g的姜块，每块上保留一个壮芽，然后用1%波尔多液浸种20min，或用草木灰浸出液浸种20min，取出晾干备用。在种植沟内浇足底水，水渗下后，姜种水平排放在沟内，姜芽一律向西（南北向畦）或南（东西向畦），覆4~5cm厚的土。每亩播种密度约12 000株，播种量为600~900kg。

6. 栽培管理

（1）遮阴：由于播种时期为8月中旬，光照较强，为防止晒苗应及时遮阴。

选用遮光率为50%的遮阳网。遮盖遮阳物除遮光外，也能降低夏季环境中的气温和地温，减少水分蒸发，为姜苗正常生长创造有利条件。9月初可将遮阳网撤下，增加光照，提高植株光合作用。

（2）温度管理：越冬栽培生姜温度管理至关重要。10月左右日光温室即覆盖新的棚膜，白天控制温度在32~35℃，夜间温度保持在25℃以上为宜。进入深冬后，为提高日光温室内的温度，可在日光温室内设架小拱棚，用1m长拱条或者铁条作拱架，1.2m宽、0.006mm厚的薄膜覆盖小拱棚，宽幅为覆盖住1沟生姜为准，沟两旁的薄膜与相邻沟边的薄膜，在垄上用土压住，形成保温又保湿的全覆盖环境,以保证收获期白天温度在28~30℃,夜间温度在18~20℃为宜。

(3) 水分调控:播种后1周可出苗,再过1周可浇第1遍水,每亩冲施海藻肥7kg左右,以促进生根,视土壤湿度情况,前期7~10天浇水1次,后期为5~7天浇水1次。

(4) 施肥:除播种前施用的基肥外,生姜生长过程中应及时进行追肥。当幼苗出齐后进行第一次追肥,每亩冲施生根型有机肥(氮:磷:钾=2:0:10) 15kg,生根型水溶性肥15kg,促进生根。当苗高20cm左右,有1~2个分枝时,继续冲施复合肥(氮:磷:钾=20:10:15) 20~30kg。从"三股杈"之后,分4~5次追施有机肥180kg左右,复合肥(氮:磷:钾=20:10:15) 100kg左右,每次每亩用量20~30kg。到收获期,每隔2周左右,每亩撒施或随水冲施三元复合肥(氮:磷:钾=20:5:20) 22kg左右。

(5) 培土:出苗40天后,长出2~3个芽,在苗根部,结合施肥,将沟两侧土壤平入沟内,覆土2cm左右,2周以后,姜芽漏出地面,结合施肥,继续将沟两侧的土壤平入沟内,覆土2cm左右。10天以后,姜芽生长速度较快,需要把垄上的土全部钩划到沟里,此时垄成沟,沟成垄。此次如果培土浅,姜块后期则短粗,培土深,则后期细长。后期的培土应视姜芽的出土情况酌定,保证后期姜块的正常生长。

7. 病虫害防治

(1) 病害防治:以预防斑点病和炭疽病为主。斑点病可用10%苯醚甲环唑水分散粒剂1 000倍液+75%百菌清可湿性粉剂600~800倍液喷雾防治;炭疽病防治可用20%苯醚·咪鲜胺水乳剂2 500倍液喷雾防治。

(2) 虫害防治:用20%氯虫苯甲酰胺悬浮剂2 000倍液+1.8%阿维菌素1 500倍液喷雾防治姜螟和甜菜夜蛾。

8. 采收

生姜长至 1 月初、春节前即可进行鲜食嫩姜的收获，此时姜芽鲜红，口感清脆，粗纤维少，适合鲜食或者盐渍，并且经济效益较高。一般在采收前 3~5 天浇 1 次小水，使土壤湿润，以利于收获，且姜块色泽好。收姜时可用出姜叉刨出，注意刨姜时应从姜沟一侧挖，不要挖坏姜块。自地上茎基部将茎秆用刀削去，保留 2cm 左右的地上残茎，并把根摘掉。

（四）潍坊地方特色生姜栽培技术

潍坊安丘市生姜栽培历史悠久，"安丘大姜"在 2006 年被认定为国家地理标志产品，安丘也被农业部命名为"中国姜蒜之乡"。目前，安丘生姜每年的种植面积稳定在 16.5 万亩左右，年产量达 100 万 t，生姜产值占种植业的 33%~40%，全国以县为建制，安丘生姜的种植面积、单产、总产均居第一。种植生姜是安丘农民的主要收入来源。多年的生姜栽培，使安丘地区形成了一系列成熟的生产栽培技术。现选取几种栽培技术进行简要叙述。

1. 鲜食嫩姜早春促成栽培技术

该技术是安丘生姜栽培的一项创新技术。一是通过品种适合性实验确定了安丘黄姜这一当地传统品种最适合做鲜食嫩姜栽培，并通过改良栽培设施，开发应用了大拱棚四膜一苫的栽培模式，实现了大量鲜食嫩姜提前上市，填补了我国大陆早春没有鲜食嫩姜的空缺，满足了南、北方消费者对鲜食生姜的需求；二是该技术的应用将生姜栽培时间由 210 天缩短成 110 天，为姜—姜、姜—葱一年两作栽培提供了充分的栽培时间，颠覆了生姜一年一作的传统模式；三是目前安丘种植面积达 1 300hm^2 以上，每亩产值达 4 万元左右，取得较高的效益水平。

（1）栽培设施结构：采用双层大拱棚+小拱棚+地膜小拱棚+草苫的四膜一苫覆盖方式。大拱棚一般构建成宽 12m、长 20m、高 1.8~2.2m，南北走向。拱棚一般选用水泥立柱支撑、竹竿连接，拱棚塑料薄膜用 0.1mm 厚的农用聚乙烯膜，并在第一层棚膜下 20cm 处覆盖第二层塑料膜。生姜定植后，用 1m 长的拱条和地膜覆盖 1 沟生姜，相邻两沟的地膜交叉搭在垄上，并用土埋压，形成全覆盖，既保温又保湿；在相邻的 2 个地膜小拱棚上方 20~30cm 处，用 2m 长拱条和聚乙烯膜加套小拱棚，方向为南北走向，一侧用土压实，另一侧不压实，便于揭盖操作。最后在播种后 20 天左右在大拱棚四周用草苫围好，早放晚围，夜间保温。

（2）土壤选择：选择土地平整、能灌能排、土质肥沃的地块栽培生姜是高产创建的基础，实现高产的地块一般有机质含量 1.5% 以上，铵态氮 120~140mg/kg，速效钾 130~150mg/kg，有效磷 80~90mg/kg。宜选用 pH 值 5~7，土层松软深厚、地力肥沃、透气性好、蓄肥水能力强的土壤。

（3）土壤熏蒸消毒处理：重茬地块容易发生土传病害，如姜瘟病、姜茎基腐病、线虫病等，因此要对连作的土地土壤熏蒸进行消毒，一般于 10 月中旬进行。消毒之前深翻土壤 30cm，旋耕整平，并保持土壤相对含水量 70% 左右。若采用氯化苦消毒，可用专用机械将氯化苦施入土壤，每亩用量 25~30kg；若采用棉隆消毒，将棉隆均匀撒在地面上，每亩用量 30kg，旋耕入土。药物施入土壤后，迅速用无破损的厚度 0.04mm 以上聚乙烯塑料膜覆盖、密封，密封时间 25~30 天。一般要求在土壤熏蒸消毒期间尽量保持土壤温度在 15℃ 以上。

（4）选用良种，培育壮芽：经试验筛选，选用可作为普通蔬菜来食用的鲜食嫩姜"安丘黄姜"品种，该品种黄皮黄肉，姜芽鲜红，颜色艳丽，根系发达，耐密植，产量高。保护地栽培的催芽时间提前，1 月上旬即开始进行催芽。催芽时选择大而饱满、黄皮黄肉、无病虫害的生姜做种，火炕催芽。火炕底部铺设厚 8~10cm 麦秸，把姜种堆放在火炕麦秸上，姜种堆放厚度以 80~100cm 为宜。姜堆上面盖一层 3cm 厚的草苫，在草苫上再盖一层棉被保温。每隔 10 天左右，把已被浸湿的麦秸取出晾晒后再回填或更换新的麦秸。催芽采用三段变温催芽法。前期控制温度26~31℃，促芽萌发，当芽长接近0.5cm时前期高温催芽阶段结束，控温24~27℃，实现平温长芽，以利形成粗、短的壮芽；当芽长1cm时要逐渐降低温度，进行炼芽，温度控制在17~20℃，经30~35天，待芽长1.0~1.5cm时即可播种。

（5）适期播种，合理密植：土壤封冻以前，架设好大拱棚以及二层塑料膜。在2月10日前后，当5cm地温连续5天达15℃以上即可播种。"安丘黄姜"属于密苗类型，设置行距70cm，株距8~10cm，亩株数在10 000株左右。播后覆土2~3cm，然后浇小水，以停水后3~5min沟内明水迅速下渗为宜。喷施除草剂后架设小拱棚和地膜小拱棚进行保温。

（6）温度与水分管理：温度管理：由于播种时期较早，外界温度相对较低，因此要保证棚内温度适合生姜生长。播种后出苗前，以升温保温为主。通过提高棚内气温，带动地温的快速提升，促进生姜快速出苗。白天棚内气温可以控制到40~42℃，夜间压紧压实各层覆盖塑料膜，尽量防止热量散失；出苗后至"三股杈"阶段，一定要维持较高的温度，白天保持32~35℃，夜间尽量保温，维持25℃以上为宜；"三股杈"至收获阶段，温度调控白天温度为28~30℃，夜间18~20℃为宜。

水分管理：生姜出苗后1周内浇头遍水，可随水冲施少量促根类冲施肥，此后应见干见湿，保持土壤湿润，前期一般7~10天浇水1次，中后期5~7天浇水1次。

（7）配方施肥：应根据土壤化验结果，配方施肥。生姜生长过程中一般采用如下施肥方案。

①种植前翻地时结合施肥，施用优质土杂肥以及每亩施用腐熟豆饼300kg或成品有机肥300kg、高氮高钾复合肥100kg、硼砂500g、硫酸锌2 000g均匀撒于地面，旋耕入土后再起垄。

②生姜幼苗出齐后每亩冲施生根型水溶性有机肥（氮-磷-钾为2-0-10，有机质为60%）10~20kg，生根型水溶性肥10~20kg，

促进生姜发根。

③苗高 15~25cm,有 1~2 根分枝时,随水冲施(氮-磷-钾为 20-10-15)复合肥,每亩用量 20~30kg。

④三股权时期,结合破膜除草分次追施,每亩追施腐熟有机肥 150kg,高氮高钾复合肥 100kg,分 3~4 次施用。

⑤三股权以后,每隔 15 天左右,撒施或随水冲施(氮-磷-钾为 20-5-20)三元复合肥 20~25kg,直至收获。

(8) 及时培土

①平沟:生姜长出 2~3 个芽时进行第一次培土,结合追肥,将姜沟边土划下,平于沟内,培土 5cm 左右。

②小培:第一次培土 20 天以后,当生姜块茎开始露出地面时,进行第二次培土,培土厚度为 4~5cm,此时地面基本为平地。

③大培:第二次培土后 15 天左右,此时鲜食嫩姜地下根茎生长迅速,此时将原来垄上的土全部培到种植沟上,使原来姜株生长的沟变为垄,原来的垄变为沟。

(9) 病虫害防治

①病害:新茬地块或者经过土壤熏蒸消毒的地块鲜食嫩姜病害发生很少,主要有斑点病和炭疽病,斑点病可每亩用 25% 嘧菌酯悬浮剂 30~40mL、12.5% 戊唑醇乳油 40~60mL 对水喷雾;炭疽病可用 25% 咪鲜胺乳油对水喷雾。

②虫害:主要是姜螟和甜菜夜蛾,每亩用 20% 氯虫苯甲酰胺悬浮剂 8~10mL 对水喷雾防治。

(10) 适时收获:多年种植经验和试验发现,生姜播后 127 天左右是鲜姜粗纤维与辣味快速增长的临界点,即播种后 130 天以前收获的鲜姜粗纤维较少,质地脆嫩,辣味清淡,适于作为鲜食嫩姜,因此,定植后 110~130 天开始收获,既能保证作为鲜食嫩姜的口感品质,又能获得最高商品价值时间。收获时间不宜太早或者太晚。太早产量较低,太晚影响产品品质。总之,根据市场行情,一般从 6 月上旬开始陆续供应市场。

2. 安丘市微膜小拱棚生姜高产栽培技术

安丘地区生姜栽培模式较多，其中面积最大的栽培模式是微膜小拱棚模式，占安丘生姜生产面积的80%。该模式具有投资少、操作简便、推广容易等特点。

栽培设施结构：该模式下设施结构简单，操作方便。定植沟上方用85cm长细竹片插在沟两边，覆盖微膜，形成小拱棚，棚顶到沟底距离40cm左右。小拱棚提温效果明显，且棚顶到沟底的空间可起到明显的防霜冻效果，因此可比露天种植生姜提前播种一个月以上。另外在生姜出苗前，可在微膜上喷涂黑色或有色涂料，为小拱棚内的生姜遮阴，代替遮阴网或插姜草，既省工又节省成本。

（1）播种：微膜小拱棚模式下的生姜播前准备工作与露地栽培类似，但栽培时间比露地栽培时间早。地膜小拱棚栽培生姜于4月上旬播种，每亩4 000~5 000株，行距70cm左右，株距22cm左右，覆土厚2cm左右，同时注意肥水施用和病虫害防治。

（2）盖微膜小拱棚：播种后进行微膜覆盖。选用厚度0.005~0.006mm、宽90cm规格微膜覆盖，使用85cm长竹弓，竹弓间距40cm，插在定植沟上后盖微膜。

（3）温度调控：根据小拱棚内的温度变化，及时破膜降温，当棚内最高温达到35℃以上时，要在膜上间隔一定距离打洞通风降温，随着气温逐渐升高，打洞的密度逐渐加密，确保日最高温度不超过35℃，以防烤苗。

（4）光照调控：当生姜出苗达50%时，及时进行姜田遮阴。一是可在微膜上喷带颜色的防水涂料，此法省时省工费用低。二是用高位棚式遮阳网：利用水泥柱、竹竿扎成2m高拱棚架，扣上遮光率为30%的遮阳网，此法方便农事操作，遮阴时间长，遮阴效果好，但投入稍高，用工稍多。三是也可用条幅立式遮阳网遮阴：将幅宽60~65cm，遮光率为40%的遮阳网，成幅立式拉于生姜行间，用竹、木固定。

(5) 生长中后期管理

①追肥：前轻后重，结合培土、浇水，少施勤追，补施叶面肥。生姜前期需肥量少，一般从6月上旬和下旬各追施一次高氮高钾复合肥或冲施肥，一般每亩10~15kg，追施一般结合培土、浇水进行。7月中下旬撤除遮阴物，结合培土追施生物有机肥100~150kg，豆饼（或煮熟大豆）50kg，高氮高钾复合肥25kg，追肥后及时浇水。以后每隔15天随水冲施高氮高钾复合肥或冲施肥15kg，直到收获前10天结束。9月中下旬根据姜苗长势，进行叶面追肥，每7~10天喷1次，连喷3~4次。

②及时浇水，分次培土。在姜苗70%出土后，根据天气、土壤质地及土壤水分状况掌握浇水，见干见湿。苗期不宜浇水太勤，以膜下浇小水为宜。夏季浇水以早晚为好，且忌中午浇水。注意雨后及时排水。立秋前后，生姜进入旺盛生长期，需水量增多，需4~5天浇一水，始终保持土壤的湿润状态。收获前3~4天浇最后一水。结合追肥进行平沟和小培土，自施用分枝肥后，根据生姜生长情况，及时进行大培土1~2次。

(6) 综合防治病虫害

①姜瘟病：以综合防治措施为主，严禁应用剧毒农药。主要防治措施如下。

轮作换茬：为了防止病虫害的发生，进行作物轮作换茬可以改变病菌寄生主体，抑制病菌生长从而减轻为害。从源头防治：注意施净肥、浇净水，选用无病姜种，从源头上预防病虫害发生。对带菌地块进行土壤处理：用氯化苦等土壤熏蒸剂在播前进行土壤处理。及时排水防涝：若降雨量增多，土壤积水，易导致生姜生长发育不良，引发病变，造成损失。所以应及时排水防涝，预防病虫害发生。药剂防治：于发病前10~15天用20%噻菌铜悬浮剂或72%氢氧化铜干悬浮剂等药物灌根，每隔7~10天1次，连灌3~5次。发现病株及时拔除，用以上药液进行土壤处理，并用石灰打点做标，待生姜收获后，将此处土壤深埋处理。

②虫害：生长期间虫害主要有生姜螟虫、甜菜夜蛾、生姜蓟马等，要及时搞好虫情观测，在发生前搞好药剂防治，可选用40%福戈（氯虫噻虫嗪）或1.8%蔬富家乳油或40%氯虫苯甲酰胺等药剂喷雾防治，每7~10天防治一次。

③地下害虫：于播种时每亩施用5%辛硫磷颗粒剂3kg，或1%阿维菌素颗粒剂3kg撒施于播种沟内防治。

(7) 适时收获：微膜小拱棚栽培的生姜一般于10月20日前后收获。

第四章 生姜安全生产技术

一、生姜无公害栽培

我国是幅员辽阔、经济发展不平衡的农业大国,在全面建设小康社会的新阶段,健全农产品质量安全体系,提高农产品质量安全水平,增加农产品国际竞争力,是农业和农村经济发展的一个中心任务。为了兼顾农产品供给的数量安全和质量安全,同时满足国内外不同消费类型的市场需求,我国把无公害农产品、绿色食品和有机食品作为现阶段农产品认证的基本类型,三者都属于安全农产品范畴。为此,农业部经国务院批准,全面启动了"无公害食品行动计划",并确立了"无公害食品、绿色食品、有机食品三位一体,整体推进"的发展战略。因此有机食品、绿色食品、无公害食品都是农产品质量安全工作的组成部分。

1. 有机食品、绿色食品、无公害食品的概念

有机食品是通过不使用人工合成的化学物质为手段,利用一系列可持续发展的农业技术,减少生产过程对环境和产品的污染,并在生产中建立一套人与自然和谐的生态系统,以促进生物多样化和资源的可持续利用。有机农业生产时在生产中不使用人工合成的肥料、农药、生长调节剂和畜禽饲料添加剂等物质,不采用基因工程获得的生物及其产物,遵循自然规律和生态学原理,采取一系列可持续发展的农业技术,协调种植业和养殖业的关系,促进生态平衡、物种的多样性和资源的可持续利用。有机食品来自有机农业生产体系,根据有机农业生产要求和相应的标准生产加工的,并通过合法的有机食品认证的一切农副产品，包括粮食、蔬菜、水果、奶制品、禽畜产品、水产品、蜂产品、调料等。

绿色食品是通过产前、产中、产后得到全程技术标准和环境、产品一体化的跟踪监测，严格限制化学物质的使用，保障食品和环境的安全，促进可持续发展，并采用商标管理方式，规范市场秩序。

无公害食品是通过政府实施产地认定、产品认证、市场准入等一系列措施，力争用5年的时间，基本实现全国范围内食用农产品的无公害生产，是政府为保证广大人民群众饮食健康的一道基本安全线。

2. 有机食品、绿色食品、无公害食品的区别

我国无公害农产品、绿色食品和有机食品既有联系，又有着明显的区别，其基本原则是保障农产品质量安全。无公害农产品突出安全因素控制，绿色食品既突出安全因素控制，又强调产品优质与营养；无公害农产品是绿色食品发展的基础，绿色食品是在无公害农产品基础上的进一步提高；有机食品注重对影响生态环境因素的控制。三者相互衔接，互为补充，各有侧重。

第一，水平定位不同。无公害农产品产品质量达到我国强制性农产品标准要求，保障基本安全，满足于大众消费；绿色食品产品质量安全标准达到发达国家先进水平，市场定位于国内大中城市和国际市场，满足更高层次的消费；有机食品执行国际通行标准，主要满足国际市场的需求，服务于出口贸易。

第二，产品结果不同。无公害农产品以初级食用农产品为主；绿色食品以初级农产品为基础、加工农产品为主题；有机食品以初级和初级加工农产品为主。

第三，发展机制不同。无公害农产品认证属于公益性事业，不收取费用，实行政府推动的发展机制；发展绿色食品以保护农业生态环境、增减消费者健康为基本理念，不以营利为目的，采取政府推动与市场拉动相结合的发展机制；有机食品按照国际惯例，采取市场化运作。

第四，运行方式不同。无公害农产品、绿色食品和有机食品的运行方式特点主要表现在两个方面：一是技术路线。无公害农产品、绿色食品遵循"从土地到餐桌"全程质量控制的技术路线，重点监控4个环节：①产地环境的监控，由环境检测机构依据环境质量标准对产品和原料的产地环境实施检测和做出评价；②生产过程的管理，要求农户和企业按照生产操作规程和技术标准组织生产；③产品质量的检测，由委托的定点检测机构依据产品质量标准对产品实施检测；④包装标识的规范，要求产品包装标识符合相关设计规范。有机食品强调在生产过程中不使用任何人工合成的化学投入品。二是认证管理。无公害农产品和绿色食品实行"两端检测、过程控制、质量认证、标识管理"的基本制度。无公害农产品采取产地认定与产品认证相结合的认证管理模式；绿色食品推行"以技术标准为基础、质量认证为形式、商标管理为手段"的认证管理模式，采取质量认证制度与商标使用许可制度相结合；有机食品遵循国际惯例，按照国际有机食品标准和通行的认证准则运作。

第五，管理体系不同。为了推动无公害农产品、绿色食品和有机食品的发展，农业部先后分别组建了农业部农产品质量安全中心、中国绿色食品发展中心和中绿华夏有机食品认证中心。农业部农产品质量安全中心负责无公害农产品的认证工作，下设种植业产品、畜牧业产品和渔业产品3个认证中心，各省市农业主管部门也相继成立无公害农产品认证的承办机构，负责产地认证和组织产品认证申报工作，产品检测工作由受委托的定点检测机构承担。中国绿色食品发展中心负责绿色食品认证和标志商标管理工作，并委托具有高过水平的地方绿色食品管理机构、环境监测机构和产品质量检测机构协助开展绿色食品认证工作。中绿华夏有机食品认证中心负责有机食品认证工作，依托绿色食品工作系统在全国设立了数十家有机食品认证中心。

为了适应新世纪新阶段农业发展的形势，根据农产品安全生产

"三位一体，整体推进"的发展战略，各地在生姜安全生产过程中，可根据市场需求和当地条件，开展无公害农产品生姜、绿色食品生姜和有机食品生姜的生产。3个层次生姜安全产品栽培过程基本步骤是一致的，差别主要在于生产环境控制、生产资料投入品不同、生产过程中执行的技术标准不同。

二、绿色生姜栽培

绿色食品是指产自优良生态环境、按照绿色食品标准生产、实行全程质量控制并获得绿色食品标志使用权的安全、优质食用农产品及相关产品。

（一）栽培技术

以莱芜生姜绿色无公害栽培为例，介绍绿色生姜的栽培技术。

1. 环境条件

（1）产地环境：选择空气清新、没有工业厂矿污染的地块。产地环境符合绿色食品产地环境质量标准。

（2）土壤要求：选择至少3年没有种植过生姜且土层深厚、地势平坦、土壤肥沃、有机质含量高且排灌方便的田地。土壤以微酸性为好，一般pH值5~7适宜。

2. 姜种选择

（1）选种：选择姜块肥大、芽头饱满、大小均匀、颜色鲜亮、无机械损伤和病虫害的姜块做姜种。引进的品种需通过检疫，防止检疫性病虫害传入。

（2）晒姜和困姜：日平均温度达到10℃时，于播种前30~35天将姜种从窖内取出，用清水洗净。为预防姜瘟病，可先用农用链霉素或新植霉素500mg/kg浸种48h后，晾晒1~2天，减少姜块内自由水分，提高姜块温度。若中午阳光强，可用毡子遮阳，以免姜种失水过多。晒姜后，为保证一定的温湿度，并维持避光环境，在姜堆上覆盖草帘，于室内堆放2~3天进行困姜。

（3）催芽：使用温床催芽。选择地势干燥、背风向阳处建床。床内放姜数层，厚20~25cm，层间可撒细沙或细土，其上盖一层薄草，再盖一层土或细沙，最后加膜覆盖。催芽前期温度控制在27~28℃，10天之后控制在22~25℃为宜，湿度保持在75%左右。一般催芽30天左右，姜芽达到1cm左右时即可播种。

（4）掰姜种：种姜催芽后播种前要掰姜、选芽。通过掰姜使姜块大小在65g左右，且每块姜需保留至少1个健壮幼芽。

3. 播种

露地栽培一般在4月下旬或5月上旬，地温稳定在16℃以上时播种为宜。播种前浇透底水，主要用平播法进行播种，即按株距16~17cm将姜种平放在沟中，使姜芽朝同一方向，向南或东南，然后将种块压于土中，使姜芽与土面齐平即可，并及时用潮湿细土覆盖4~5cm，覆土太厚会使地温偏低，覆土太薄，表土易干燥。每亩用姜种500kg左右，一般每亩种植8 000株左右为宜。

4. 田间管理

（1）浇水：生姜不耐旱，且忌水淹，对土壤湿度要求高。播种后前期地温偏低，一般不浇水，待出苗70%后浇小水。生姜幼苗期需水较少，应小水勤浇。立秋后，生姜进入旺盛期，需水量大，一般1周浇1次大水，收获前3~4天浇1次水，以便生姜收获时姜块带潮湿的泥土，利于窖藏。

（2）追肥：除施底肥外，需要多次追肥，保证生姜高产优质。幼苗期虽需肥不多，但为幼苗长势健壮，一般在苗高30cm，并具有1~2个小分枝时进行随水施肥，可施用人粪尿1 000kg或磷酸二铵20kg。立秋前后，生姜处在三股杈阶段时，需要每亩追加腐熟的有机肥2 000kg或饼肥70~80kg，为提高效率，可加入一定量的生物菌肥。9月上旬，生姜根茎进入旺盛生长期，为促进姜块膨大，每亩追施三元复合肥（15-15-15）20~25kg。

（3）遮阳：生姜不耐高温强光，因此需要在光照过剩时进行遮阴。若生姜栽培沟为东西向，可用谷草 3~4 根为一束，按 10~15cm 的距离交互斜插在姜沟南侧土壤中，并编成花篱，高 70~80cm，也可用玉米秸、麦草遮阳。天气转凉后要及时撤除遮蔽物。

（4）培土：生姜根系较浅，生长过程中要进行不断培土，保证姜块在地下不断生长。撤除遮蔽物后，将行间的土培向姜株，使原来姜株生长的沟变为垄。之后每隔 15 天左右进行培土 1 次，一共培土 2~3 次，保证生姜新生根茎不露出地面即可。

（5）中耕除草：由于生姜为浅根性作物，根系分布在土壤表层，不宜多次中耕，以免伤根。一般在出苗后结合浇水进行 1~2 次中耕，及时清除杂草。生姜旺盛生长期时，植株封垄，杂草较少，可进行人工拔除杂草，也可通过覆盖黑色地膜或覆盖白色地膜并盖一层薄土的方法除草。

5. 病虫害防治

生姜的病害主要有姜瘟病、叶枯病、斑点病和炭疽病等，虫害主要是姜螟。

按照"预防为主、综合防治"的植保方针，坚持以"农业防治、物理防治和生物防治为主，化学防治为辅"的治理原则。

（1）农业防治

①首选高抗、多抗生姜品种，提高生姜对病虫害的抗性；
②施肥时首选腐熟的有机肥，少施化肥；
③进行作物轮作，预防病虫害传播。

（2）物理防治：通过覆盖防虫网减轻病虫害发生。

（3）化学防治

姜瘟病：细菌性病害，病穴用 72% 农用链霉素 3 000~4 000 倍液灌溉。

斑点病：真菌性病害，发病初期可用甲基硫菌灵可湿性粉剂 1 000 倍液加 75% 百菌清可湿性粉剂 1 000 倍液喷雾，或者用 30% 苯醚甲环唑 1 000 倍液加 75% 百菌清可湿性粉剂 600 倍液进行防治。

病毒病：发病初期用 20% 病毒 A 可湿性粉剂 500 倍液或 1.5%

植病灵乳剂 800~1 000 倍液进行防治。

姜螟：用 25%灭幼脲悬乳剂 1 000 倍液喷雾防治。

甜菜夜蛾：可采用秋耕和冬耕消灭冬蛹。采用黑光灯诱杀成虫，生物制剂 Bt 乳剂 600~800 倍液喷雾或 1.8%爱福丁乳油 800 倍液喷雾，化学防治用灭幼脲 3 号悬浮剂 2 500 倍液喷雾。

6. 收获

生姜收获包括三部分：种姜、嫩姜和鲜姜。种姜可在生姜植株长出 4~5 叶时采收，也可与鲜姜一起收获。嫩姜一般在立秋后采收，此时正值根茎生长旺盛期，生姜组织柔嫩，纤维少、辣味淡，适合腌渍、酱渍和糖渍。霜降后、初霜来临之前收获鲜姜。此时生姜停止生长，姜块肥大，可择晴天收获。收获时将生姜整株拔出，并抖落根茎上的泥土，自地上茎基部将姜块切下，去除杂根，趁姜块潮湿入窖，切勿晾晒。

（二）绿色生姜生产技术标准

绿色食品　生姜生产技术规程

1 范围

本标准规定了绿色食品生姜的产地环境、生产技术、病虫害防治和生产档案。

本标准适用于山东省绿色食品生姜生产。

2 规范性引用文件

下列文件对于本文件的应用是必不可少的。凡是注日期的引用文件，仅所注日期的版本适用于本文件。凡是不注日期的引用文件，其最新版本（包括所有的修改单）适用于本文件。

NY/T 391　　绿色食品 产地环境质量标准

HY/T 393　　绿色食品 农药使用准则

3 产地环境

选择排灌方便，土层深厚，疏松、肥沃的地块，产地的环境条件应符合 NY/T 391 规定的要求。

4 生产技术

4.1 栽培季节

地温稳定在 15℃ 左右时播种，直到霜降叶枯黄时收获。在适宜的栽培季节内适期早播为好。

4.2 姜种的选择和处理

4.2.1 姜种选择

根据当地气候条件和目标市场的需要，选择抗病、优质、丰产、抗逆性强、商品性好的优良品种。宜选姜块肥大饱满、皮色光亮、肉质新鲜、无病虫害和无机械损伤的姜块做种。有条件的可选用脱毒姜种。

4.2.2 姜种处理

4.2.2.1 晒姜与选种

播种前 30 天左右，选晴天，从窖中取出姜种，清水洗净后平摊在背风向阳处事先铺好的草席或麻袋上晒 1~2 天，每天傍晚收进室内，中午若日光强烈，适当遮阴。晒姜过程中，随时剔除瘦弱干瘪、质软变褐、受冻、受病虫为害的劣质姜种。

4.2.2.2 浸种消毒

采用 1 : 1 : 100 的波尔多液浸种 20min，或用 1% 石灰水浸种 30min，或用草木灰浸种 20min 进行消毒，或用 1 000 倍高锰酸钾水溶液浸种 10min，或用 4 000 倍农用链霉素水溶液浸种 12h；经上述任何一种方法消毒后，都要用清水洗净姜种，晾干后催芽。

4.2.2.3 催芽

将消毒后的种姜置于相对湿度 80%~85%，温度 22~25℃ 的条件下催芽。当幼芽长 1.0~1.5cm 时备播。

4.2.2.4 掰姜种

播前，把已催好芽的姜块掰成 50~75g 重的小块，每块姜种保留一个壮芽（稍弱姜块也可保留两个壮芽），其余幼芽全部去除，伤口蘸草木灰（或石灰粉）后播种。姜块大小及幼芽强弱进行分级、分批播种。

4.2.2.5 剔除病姜

若掰姜种过程中发现幼芽基部发黑或掰开姜块断面褐变，应严格剔除，淘汰无芽姜块。

4.3 种植田块的准备

4.3.1 冬前施肥、整地

秋后，前茬作物收获后，及时清理残株烂叶，每亩撒施3 000kg的优质腐熟农家肥，深翻30cm，进行冻垡。

4.3.2 春季施肥、整地

翌年早春土壤解冻后，每亩再撒施腐熟农家肥2 000kg、过磷酸钙30~50kg，将地整平，细耙2遍，四周挖好排水沟。

4.3.3 开种植沟与施肥

播前按65~70cm行距开深30cm，宽40cm的播种沟。沟内施入充分腐熟的豆饼（或腐熟大豆）75kg，生物有机复合肥50kg、硫酸钾15kg或草木灰100kg、锌肥2kg、硼肥1kg作种肥，土壤充分混合后播种。

4.4 播种

4.4.1 播种期

在10cm地温稳定在15℃以上时播种，山东地膜覆盖播种适期为4月上中旬。大、中、小棚栽培可根据情况提前播种20~30天。

4.4.2 播种密度

山东多采用沟中扶垄的栽培方式，适宜种植密度为行距60~70cm，株距20~22cm，每亩种植4 500~5 500株。高肥水田块密度小，低肥水田块适当加大。

4.4.3 播种方法

选择晴天的上午，种植沟内浇足底水，水渗下后，将姜种按株距水平排放在沟内，东西行向的，姜芽一律向南；南北行向的，则姜芽一律向西。播种后随即覆土3~5cm。地膜覆盖栽培时，可用适幅的地膜直接覆盖，一幅地膜盖2沟；或在种植沟上拱成10~

15cm 高的小拱。

4.5 田间管理

4.5.1 适时破膜引苗

当姜芽出土时,要及时破膜引苗。

4.5.2 遮阴

苗期强光、高温和干旱会使幼苗水分代谢失调,抑制幼苗生长发育。姜苗长出3~4片叶时,及时插姜草或用遮阳网遮阴。

4.5.2.1 插姜草遮阴

于姜沟一侧,用谷草插成稀疏的花篱或插一行柞树枝为姜苗遮阴。

4.5.2.2 遮阳网遮阴

4.5.2.2.1 高位棚式遮阴

利用水泥柱、竹竿扎成2m高的拱棚架,扣上遮阳率为30%的遮阳网。

4.5.2.2.2 条幅立式遮阴

将幅宽60~65cm,遮光率为40%的遮阳网,成幅立式拉于生姜行间,用竹竿或木棍固定。

4.5.2.3 撤除遮阴物

在植株封垄后,多于立秋前后(8月上旬)撤除遮阴物。

4.5.3 水分管理

4.5.3.1 播种到齐苗

播种时浇透底水,出苗前一般不浇水,苗出齐后视墒情,浇1次小水。待2~3天后再浇1次水,然后中耕保墒。保持土壤见干见湿。

4.5.3.2 幼苗期

幼苗期生长缓慢,生长量少,需水不多,一般不浇水。如遇干旱浇1次小水。

4.5.3.3 旺盛生长期

进入旺盛生长期后,土壤湿度应保持在田间最大持水量的

80%为宜,视墒情一般4~6天浇1次水,使土壤保持湿润状态。

4.5.3.4 收获前

收获前3~4天需浇1次水,以便收获时姜块带潮湿泥土,有利下窖贮藏。

4.5.3.5 排水

整个生长期间若遇雨涝,应及时排水,以防姜瘟病发生。

4.5.4 追肥

4.5.4.1 第一次追肥

在苗高30cm左右,植株具1~2个分枝时,进行第一次追肥,称"壮苗肥",每亩施尿素10~15kg。

4.5.4.2 第二次追肥

"三股杈"后生长量与吸肥量陡增,因此应结合拔草进行第二次追肥,又称"大追肥",每亩可施优质厩肥2 000kg,另加氮磷钾(15-15-15)复合肥50kg,追肥可于姜苗一侧距株15~20cm处开沟施入,然后覆土封沟。

4.5.4.3 第三次追肥

当植株具6~8个分枝时,正值根茎膨大期进行第三次追肥。每亩可追氮磷钾(15∶15∶15)复合肥20~25kg。

4.5.5 中耕除草

植株封垄前要进行多次中耕除草,并及时防除杂草。

4.5.6 培土

在姜生育过程中连续进行多次培土,一般于立秋前后结合撤除遮阴材料和第二次追肥进行第一次培土,变沟为垄。以后结合施肥,进行第二次、第三次培土,逐渐使垄加厚加宽。

5 病虫害防治

5.1 防治原则

坚持"预防为主,综合防治"的植保方针,优先采用农业、生物、物理防治措施,辅以化学防治。

5.2 生姜病虫害

主要病害：姜腐烂病（姜瘟病、青枯病）、姜斑点病、姜炭疽病。

主要虫害：姜螟、小地老虎、异性眼蕈蚊，姜弄蝶。

5.3 农业防治

5.3.1 轮作倒茬

实行3年以上轮作，避免连作。可减轻姜腐烂病和姜炭疽病病害发生。

5.3.2 选用抗病品种

根据当地病虫害发生情况因地制宜地选用抗、耐病品种。精选无病害姜种；有条件的可选用脱毒姜种。

5.3.3 地面覆盖地膜或碎草

地面覆盖可有效地减轻土传性病害的发生和传播。

5.3.4 清洁田园

及时清除病株残体、病叶，并集中进行无害化处理，保证田间清洁。

5.4 生物防治

5.4.1 保护和利用自然天敌

应用药剂防治时，尽量使用对害虫选择性强的药剂，避免或减轻对天敌的杀伤作用。

5.4.2 释放天敌

在姜螟或姜弄蝶产卵始盛期和盛期释放赤眼蜂。

5.4.3 选用生物源药剂

在姜螟或姜弄蝶卵孵盛期喷洒苏云金杆菌制剂（孢子含量大于100亿/mL）2~3次，每次间隔5~7天。

利用硫酸链霉素、新植霉素或卡那霉素500mg/L浸种防治姜瘟病。

生姜姜瘟病发病初期用3%中生菌素（克菌康）可湿性粉剂800倍药液喷淋或灌根，每隔7~10天灌1次，连续3~4次，每株灌药液250~500mL。

5.5 物理防治

采取频振式杀虫灯等方法诱杀害虫；使用防虫网阻隔害虫进入。

5.6 化学防治

使用农药时，应执行NY/T 393的规定，严禁使用剧毒、高毒农药，每种化学农药限制使用一次。

5.6.1 病害防治

5.6.1.1 姜腐烂病

掰姜前用1∶1∶100的波尔多液浸种20min，或30%氧氯化铜悬浮剂800倍液浸种6h。

发病初期，叶面喷施30%氧氯化铜悬浮剂800倍液，或1∶1∶100的波尔多液，或50%琥胶肥酸铜（DT）可湿性粉剂500倍液，每亩喷75~100L，10~15天喷1次，连喷2~3次。

田间发现病株及时拔除，并在病株周围用5%硫酸铜，或5%次氯酸钙，或72%农用链霉素可溶性粉剂3 000~4 000倍液，或硫酸链霉素3 000~4 000倍液灌根，每穴灌0.5~1.0L。

5.6.1.2 姜斑点病

发病初期喷施70%甲基硫菌灵可湿性粉剂每亩制剂50~60g喷洒，2.5%嘧菌酯（阿米西达）悬浮剂1 500倍液，7~10天喷1次，连续喷2次。

5.6.1.3 姜炭疽病

炭疽病多发期到来前，用75%百菌清可湿性粉剂每亩制剂100g喷洒；发病初期用64%噁霜·锰锌可湿性粉剂500倍液、或30%氧氯化铜悬浮剂800倍液，5~7天喷1次，连续喷2~3次。

5.6.2 虫害防治

5.6.2.1 姜螟

姜螟防治的关键时期是在卵孵后蚁螟钻蛀前，叶面喷施2.5%氯氰菊酯乳油2 000~3 000倍液，或98%巴丹可溶性粉剂每亩制剂

40g喷洒，或50%虱螨脲乳油1 000~1 500倍液喷洒。

5.6.2.2 小地老虎

用糖、醋、白酒、水和90%敌百虫晶体按6∶3∶1∶10∶1调匀，撒于田间诱杀成虫。或将炒香的麦麸或豆饼5kg，配以90%敌百虫晶体200g，加水拌湿，撒于田间诱杀幼虫，或50%辛硫磷乳油500~600倍液灌根，兼治姜蛆、蝼蛄等地下害虫。

5.6.2.3 异形眼蕈蚊

播种前用80%敌敌畏乳油1 000倍液，浸泡姜种5~10min。

生姜入窖前彻底清扫姜窖，然后用80%敌敌畏乳油撒在锯末上点燃（或用敌敌畏制成的烟雾剂）熏蒸姜窖。

5.6.2.4 姜弄蝶

幼虫期用20%除虫脲（敌灭灵、灭幼脲）悬浮剂每亩制剂5~12.5g喷施。

6 采收

6.1.1 嫩姜收获

嫩姜应在根茎生长盛期采收。

6.1.2 鲜姜采收

初霜后植株顶部叶片枯黄时，是鲜姜的收获适期。收前3~4天浇小水使土壤充分湿润，收获时抓住茎叶整株拔出，轻轻抖掉泥土，保留茎秆基部2~3cm，削去其他茎叶，随后将带少量潮湿泥土的根茎入窖贮藏。

7 生产档案

详细记录产地环境条件、生产投入品、生产管理、病虫害防治、产品质量检测及相关溯源资料，并保存3年以上。

(三) 昌邑绿色食品 生姜生产技术规范

1 范围

本标准规定了绿色食品生姜的产地环境、生产技术、田间管理、病虫害防治等。本标准适用于企业内部的绿色食品生姜标准化生产。

2 规范性引用文件

下列文件对于本文件的应用是必不可少的。凡是注日期的引用文件，仅所注日期的版本适用于本文件。凡是不注日期的引用文件，其最新版本（包括所有的修改单）适用于本文件。

NY/T 391 绿色食品 产地环境质量

NY/T 393 绿色食品 农药使用准则

NY/T 394 绿色食品 肥料使用准则

3 产地环境

宜选择地势平坦、排灌方便、土层深厚，土壤疏松、肥沃、理化性状好的地块，生产基地环境条件应符合 NY/T 391 的规定。

4 生产技术

4.1 品种选择

选用抗病、优质丰产、抗逆性强、商品性好的"鲁昌宏大"牌大姜品种。要求姜种姜块肥大、丰满、皮色光亮、肉质新鲜不干缩、不腐烂、未受冻、质地硬、无病虫。

4.2 姜种处理

4.2.1 晒姜困姜

播种前 30 天，选晴天，将精选好的姜种放在阳光充足的地上晾晒，晚上收进屋内，晒姜 2~3 天。

4.2.2 消毒

催芽前，姜种宜进行消毒，采用 1∶1∶100 的波尔多液浸种 20min，或用 1% 石灰水浸种 30min，或用草木灰浸出液浸种 20min 进行消毒，或用 1 000 倍高锰酸钾水溶液浸种 10min，或用 4 000 倍农用链霉素水溶液浸种 12h；经上述任何一种方法消毒后，都要用清水洗净姜种，晾干后催芽。

4.2.3 催芽

将消毒后的姜种置于温度 25~28℃，相对湿度 80%~85% 的条件下进行催芽，待姜芽生长至 0.5~1cm 时，按姜芽大小分级备播。

4.2.4 掰姜种

将催好芽的姜种掰成平均大小重 100g 的小块,每块姜种保留 1~2 个壮芽备用。

4.3 整地施肥

4.3.1
一般每年 11 月结合深翻每亩施用优质腐熟圈肥 2t;每年春季结合整地每亩施用佐田氏有机肥料 200kg 进行基施以培肥地力,施肥方式采用沟施。

4.3.2
播前按 65~70cm 行距开深 30cm,宽 40cm 的播种沟。沟内施入充分腐熟的豆饼(或腐熟大豆)75kg,生物有机复合肥 50kg、硫酸钾 15kg 或草木灰 100kg、锌肥 2kg、硼肥 1kg 作种肥,土肥充分混合后播种。

4.4 播种

4.4.1 播种时间

一般采用春播,于 3 月下旬左右,10cm 地温稳定在 15℃ 以上即可播种。

4.4.2 播种方法

播种方法有平播法和竖播法两种。平播时,将种块水平放在沟内,使幼芽方向保持一致;竖播时,种芽一律向上播种。播后覆土 4~5cm。

4.4.3 播种密度

一般每亩种植 4 500 株左右,用种量 400~600kg。

5 田间管理

5.1 破膜引苗

当姜芽出土时,要及时破膜引苗。

5.2 遮阴

4 月底要搭建遮阳网进行遮光,避免强光照灼伤大姜的叶片。8 月中旬光照减弱后,要及时拆除遮阳网。

5.3 中耕除草

出苗后,地温尚低可结合浇水,中耕 1~2 次,及时清除杂草。进入旺盛生长期,植株逐渐封垄,杂草减少,根茎膨大、根系增多，应减少中耕次数，中耕宜浅不宜深。

5.4 肥水管理

5.4.1 播种后，浇足底水，保证苗齐苗壮。幼苗期保持土壤见干见湿，新生叶片不能正常伸展而呈扭曲状态。进入生长盛期，需水量多，保持土壤相对湿度75%~80%。收获前3天浇最后1次水。

5.4.2 肥料选择应按照NY/T 394的规定，在苗高30cm左右，植株具1~2个分枝时，进行第一次追肥，称"壮苗肥"，每亩施尿素10~15kg。"三股杈"后生长量与吸肥量陡增，因此应结合除草进行第二次追肥，又称"大追肥"，每亩可施优质厩肥2 000kg或者充分腐熟的豆饼200kg，另加氮磷钾（15∶15∶15）复合肥50kg，追肥可于姜苗一侧距植株15~20cm处开沟施入，然后覆土封沟。当植株具6~8个分枝时，正值根茎膨大期进行第三次追肥，并将行距中间的土分培两侧，培土20cm。每亩可追氮磷钾（15∶15∶15）复合肥20~25kg。生长至10月中旬即可收获。

5.4.3 病虫害防治

5.5 防治原则

坚持预防为主，综合防治的植保方针，优先采用农业防治、物理防治、生物防治，配合科学合理使用化学防治。

5.6 农业防治

5.6.1 选用健康无病的姜种。

5.6.2 合理布局，实行轮作倒茬，加强中耕除草，清洁田园，降低病虫源数量。

5.6.3 种子消毒，用72%农用链霉素可溶性粉剂4 000倍液或新植霉素4 000~5 000倍液浸种。

5.7 物理防治

采取频振式杀虫灯等方法诱杀害虫；使用防虫网阻隔害虫进入。

5.8 化学防治

使用农药时应按照NY/T 393的规定，严禁使用剧毒、高毒农药。

5.9 药剂防治

5.9.1 炭疽病

炭疽病多发期到来前,用75%百菌清可湿性粉剂每亩制剂100g喷洒;发病初期用64%噁霜·锰锌可湿性粉剂500倍液;或30%氧氯化铜悬浮剂800倍液,5~7天喷1次,连续喷2~3次。

5.9.2 病毒病

可选用20%病毒A可湿性粉剂600倍液或1.5%植病灵乳油1 000~1 500倍液喷雾。

5.9.3 姜腐烂病

5.9.3.1 掰姜前用1:1:100的波尔多液浸种20min,或30%氧氯化铜悬浮剂800倍液浸种6h。

5.9.3.2 发病初期,叶面喷施30%氧氯化铜悬浮剂800倍液,或1:1:100波尔多液,或50%琥胶肥。

5.9.3.3 姜螟酸铜(DT)可湿性粉剂500倍液,每亩喷75~100L,10~l5天喷1次,连喷2~3次。

5.9.4 田间发现病株及时拔除,并在病株周围用5%硫酸铜,或5%次氯酸钙,或72%农用链霉素可溶性粉剂3 000~4 000倍液,或硫酸链霉素3 000~4 000倍液灌根,每穴灌0.5L;可选用5%甲维盐4 000倍液或4.5%高效氯氰菊酯乳油1 500~2 000倍液或1.8%阿维菌素1 500倍液喷雾。

5.9.5 小地老虎

用糖、醋、白酒、水和90%敌百虫晶体按6:3:1:10:1调匀,撒于田间诱杀成虫。或将炒香的麦麸或豆饼5kg,配以90%敌百虫晶体200g,加水拌湿,撒于田间诱杀幼虫。或用4.5%高效氯氰菊酯1 500~2 000倍液于晴天傍晚在田间喷雾。

5.9.6 根结线虫

选用0.5%阿维菌素颗粒剂,每亩使用1.5~2kg。

(四) 安丘绿色食品 鲜食嫩姜生产技术规程

1 范围

本标准规定了鲜食嫩姜的产地环境、生产技术、病虫害防治、采收及生产档案等。

本标准适用于安丘市绿色食品鲜食嫩姜生产。

2 规范性引用文件

下列文件中的条款通过本标准的引用而成为本标准的条款。凡是不注日期的引用文件，其最新版本不适用于本标准。

GB 4285 农药安全使用标准

GB/T 8321（所有部分）农药合理使用准则

NY/T 391 绿色食品 产地环境技术条件

NY/T 393 绿色食品 农药使用准则

NY/T 394 绿色食品 肥料使用准则

3 产地环境条件与管理

产地环境条件应符合 NY/T 391 的要求。选择土层深厚、肥沃、疏松、排灌良好的土壤。

4 生产技术

4.1 栽培设施

采用大拱棚+内棚+中拱棚+地膜小拱棚的四膜覆盖栽培设施。大拱棚和内棚于冬前构建好。大拱棚宽度12m，南北向建棚，顶柱高（棚高）2.0~2.2m，两边柱高0.8~1.2m；顶柱与边柱之间的中柱高1.70~1.75m，每排柱南北间距1.5m，东西间距3m，顶膜采用3m宽棚膜6幅或2m宽棚膜9~10幅覆盖。在第一层棚膜以下20cm处，再次以拱棚立柱为支撑物，架设竹拱，覆盖第二层塑料膜，形成内棚。中拱棚和地膜小拱棚在定植后架设。构建地膜小拱棚的材料为1m长拱条和1.2m宽、厚度0.006~0.008mm的地膜，每棚覆盖1沟生姜；相邻两沟的地膜交叉搭在垄上，间隔一定距离在垄上用土埋压，形成全覆盖。在地膜小拱棚上方，用3~4m拱条和宽 3~4m、厚度 0.06mm 塑料膜架设中拱棚，每个中拱棚覆盖 2~3 沟姜，塑料膜搭在拱棚两侧沟背上，其中一侧间隔一定距离用土压实，另外一侧不压实，以便于揭盖。

4.2 土壤熏蒸消毒

4.2.1 药剂选择

姜瘟病、姜茎基腐病、线虫病和杂草发生为害严重的地块，宜采用氯化苦、威百亩、棉隆等进行土壤熏蒸消毒，所选药剂应符合 NY/T 393 的要求。

4.2.2 消毒方法

入冬以前，在土壤宜耕期将土地深耕 30cm，并结合深耕每亩施入优质农家肥 5 000kg 左右，旋耕整平，并保持土壤相对含水量 70% 左右。若采用氯化苦消毒，可用专用机械将氯化苦施入土壤，每亩用量 25~30kg；若采用棉隆消毒，将棉隆均匀撒在地面上，每亩用量 30kg，旋耕入土。药物施入土壤后，迅速用无破损的厚度 0.04mm 以上聚乙烯塑料膜覆盖、密封，应保持土壤温度在 15℃ 以上，密封时间 25~30 天。去膜后 15 天以上方可起垄种植。

4.3 精选良种

姜种选用密苗类型的耐密植、产量高的安丘黄姜。

4.4 培育壮芽

12 月下旬至翌年 1 月上旬，从姜窖取出姜种，选择大而饱满、黄皮黄肉、无病虫害的姜做种。把种姜掰成 80g 左右的姜块进行火炕催芽。火炕底部铺设厚 8~10cm 麦秸，把姜种堆放在火炕上，姜种厚度以 80~100cm 为宜，外加"一草一被"保温。每隔 10 天左右，把已被浸湿的麦秸取出晾晒后再回填或更换新的麦秸。催芽采用三段变温催芽法：前期高温催芽，温度以 28~30℃ 为宜，促芽萌发；中期平温长芽，当芽长接近 0.5cm 时前期高温催芽阶段结束，应将温度控制在 25~28℃，实现平温长芽，以利形成粗、短的壮芽；后期低温炼芽，当芽长 1cm 时要逐渐降低温度，进行炼芽，温度由 25℃ 降为 16~18℃。经 35 天左右，待芽长 1~1.5cm 时即可播种。

4.5 适期播种

适宜播种期2月中旬。播种前15天，架设覆盖大拱棚和内棚，当10cm地温连续5天达15℃以上即可播种。

4.6 合理密植

定植前开沟起垄，沟深25cm，行距65~70cm，播种时姜芽排列方向保持一致，与行向成45°角，株距10cm。播后覆土2~3cm，并浇透水。

4.7 化学除草

采用土壤熏蒸消毒的田地不用化学除草。没有采用土壤消毒的田地可在播种后，每亩用33%二甲戊灵乳油100~150mL对水15kg，均匀喷洒在姜沟及周围地面上。

4.8 架设中、小拱棚

在播种后，要架设覆盖地膜小拱棚和中拱棚，形成大拱棚+内棚+中拱棚+地膜小拱棚的四膜覆盖栽培模式。

4.9 温度管理

出苗期宜保持温度25℃以上，苗期和茎叶生长期保持25~28℃，出苗期、苗期夜间不低于16℃；根茎旺盛生长期白天温度为24~29℃、夜间17~18℃。当小拱棚影响姜苗生长时，可逐次撤去小拱棚和中拱棚。一般在5月中旬大拱棚开始放风，以后根据气温情况加大放风口，并逐渐撤去棚膜。

4.10 水分管理

在浇足底水的基础上，苗期要始终保持土壤湿润，避免忽干忽湿造成植株生长不良。进入旺盛生长期，需水量大，一般每7天左右浇1次水，保持土壤湿润，收获前2~3天浇最后一水。

4.11 培土

培土应掌握少量多次的原则，每次培土宜少、宜浅，以促进生姜发育粗壮。

4.11.1 第一次培土

第一次培土又称"小培"。姜出苗后40天左右，生姜长出2~

3个芽，施肥于姜根部两侧，将姜沟边土划下，平于沟内，培土2~3cm。此次培土不可过厚，否则容易造成生姜根茎生长困难，影响产量。

4.11.2 第二次培土

在第一次培土后20天左右，结合撤除小拱棚和中拱棚，进行第二次培土。用小锄破垄填沟，培土后沟略低于垄2~3cm。

4.11.3 第三次培土

第三次培土又称"大培"。在第二次培土后约15天左右，生姜地下根茎生长迅速，将原来垄上的土全部培到种植沟上，使原来姜株生长的沟变为垄，原来的垄变为沟。以后若发现有大姜芽露出，应及时培土，保证姜块正常生长。

4.12 施肥

4.12.1 施足基肥

施肥应实行测土配方施肥，施用肥料应符合NY/T 394的要求。

除结合冬前深耕施用优质农家肥外，土壤熏蒸消毒后应增加有益菌群，进行土壤修复。开沟后每亩施生物有机肥（氮、磷、钾4%以上，有机质60%以上，有益菌2亿个/g以上）200kg，中微量肥20~30kg，硫酸锌2.5kg，持力硼200g，施入沟底，并与土壤混拌均匀。

4.12.2 合理追肥

生姜齐苗后每亩冲施生根型高氮水溶性肥10kg，促姜发根。苗高15~25cm，有1~2个分枝时，随水冲施（20-10-15）复合肥，每亩用量20~30kg。三股杈初期，结合第一次培土除膜追肥，每亩追施商品有机肥100~200kg，（20-10-15）复合肥50~75kg；20天以后，结合第二次培土，每亩追施（15-10-20）复合肥75~100kg；5月中旬，结合第三次培土，每亩追施（15-10-20）复合肥50kg，硫酸钾50kg。以后每隔10~15天，随水冲施（15-10-20）复合肥10kg。

全生育期可喷施叶面肥，前期以氨基酸、海藻素、腐植酸等营养型叶面肥为主,后期以大量元素、微量元素叶面肥为主。

4.13 病虫害防治

农药使用符合 GB 4285、GB/T 8321、NY/T 393 的要求。

4.13.1 病害

防治斑点病用 25%嘧菌酯悬浮剂 3 000 倍液、10%苯醚甲环唑水分散粒剂 1 500 倍液、12.5%烯唑醇可湿性粉剂 1 500 倍液喷雾;防治炭疽病用 25%咪鲜胺乳剂 2 000 倍液、70%甲基硫菌灵可湿性粉剂 1 000 倍液、10%苯醚甲环唑水分散粒剂 1 500 倍液喷雾。

4.13.2 虫害

防治蓟马,每亩用 10%吡虫啉可溶粉剂 10g、25%噻虫嗪水分散粒剂 4g 对水喷雾;防治甜菜夜蛾等鳞翅目害虫,每亩用 20%氯虫苯甲酰胺水分散粒剂 10g、2.5%多杀霉素悬浮剂 50mg 对水喷雾。

5 收获

出苗 110~120 天,趁姜块鲜嫩时收获。收获前 2~3 天浇一次水,使土壤湿润、疏松,维持生姜色泽鲜艳。收获时将生姜整株拔出,不能晾晒,保留地上茎红色部分,其他部分削除,摘去根,清洗后装箱出售。

6 生产技术档案

对绿色食品鲜食嫩姜标准化安全生产的过程,应建立田间技术档案和田间生产资料使用记录、生产管理记录、收获记录、产品检测记录及其相关追溯记录,并保存 3 年以上,以备查阅。

三、出口生姜栽培

(一) 出口生姜生产要求和标准

1. 出口生姜的质量要求和分级标准

生姜出口是生姜的主要去处。生姜的主要销售地区有日本、欧美以及我国的港、澳地区。出口生姜对质量要求严格,要求生姜外观新鲜、饱满，具有浅金黄色光泽，形体完整，单块姜质量不低于50g，无病虫害，无机械损伤。农药残留要符合进出口国要求。

保鲜出口的生姜按姜块大小一般分为4个等级：M级，150~200g；L级，200~250g；LL级，250~300g；LLL级，300~350g，以LLL级质量最好。

2. 出口生姜标准化生产基地环境要求

出口生姜标准化生产基地环境质量应符合GB/T 18407.1—2001的规定。

3. 出口生姜的检疫标准

各国对生姜农药残留限量略有不同，对不同国家出口生姜的农药残留应符合该国家限量。

4. 检疫

除了农药残留外，还需要对出口生姜的病虫害进行检疫，主要是姜螟、夜蛾类幼虫和病毒病等。

（二）出口生姜标准化生产技术

1. 品种选择

出口生姜的品种一般是由进口生姜国家指定。根据外商指定的生姜品质来决定生姜的品种。一般要求生姜肉质细嫩、外形美观、辛香味浓、品质佳、耐贮运等，因此一般选择莱芜大姜、莱芜片姜、台湾胖姜等品种。

2. 出口生姜茬口安排

生姜出口为周年供应，因此要利用设施栽培实现周年供应生姜，有利于提高生姜的经济效益。茬口安排见表4-1。

表4-1　出口生姜茬口安排

茬口	种姜处理	播种时间	收获时间	设施
露地栽培	4月上中旬	4月下旬至5月上旬	10月中下旬至11月初	—

续表

茬口	种姜处理	播种时间	收获时间	设施
设施栽培	3月下旬至4月上旬	4月上中旬	10月中下旬至11月初	小拱棚
	3月中下旬	3月底至4月初	11月上中旬	大拱棚

3. 姜种处理与田间管理

姜种处理与田间管理参考露地栽培和保护地栽培技术章节。

4. 病虫害防治

出口生姜对农药残留要求严格，因此生姜在病虫害防治方面要做到预防为主、综合防治。采用合理轮作、增施有机肥、平衡施肥、及时排除积水等农艺措施减少病虫害的发生。若发生病虫害时应首选物理防治、生物防治以及化学防治的方法，减少农药用量，确保出口生姜农药残留符合标准。

出口生姜化学防控病虫害应注意的问题如下。

（1）基本原则：优先选择生物农药、生化制剂或天然植物源杀菌剂、杀虫剂，合理使用高效、低毒、低残留杀菌剂、杀虫剂，严禁使用禁用农药。

（2）出口生姜防控病虫害时推荐使用的不同农药类型及代表药剂见表4-2。

表4-2 出口生姜推荐用农药类型

农药类型	代表性农药
生物农药	苏云金杆菌制剂、拮抗菌制剂、鱼藤制剂等
生化制剂	阿维菌素、多抗霉素、农用量霉素、农抗120等
植物源杀虫剂	苦参碱、苦皮藤素、闹羊花毒素、印楝素等
植物源杀菌剂	苦楝素、绿帝、银泰等
昆虫生长调节剂类	灭幼脲、除虫脲、抑太保、灭蝇胺、氟铃脲、氟啶脲等

续表

农药类型	代表性农药
高效低毒低残留杀菌剂	甲级抑菌灵、霜霉威、三唑酮、多菌灵、百菌清、噁霜·锰锌等
高效低毒低残留杀虫剂	辛硫磷、敌百虫等
禁用农药	甲胺磷、呋喃丹、氧化乐果、3911、1605、甲基1605、灭螟威、久效磷、磷铵、异丙磷、三硫磷、磷化铝、氰化物、氟乙酰胺、吡酸、西力生、赛力散、溃疡净、五氯酚钠、敌枯霜、二溴氯丙烷、普特丹、倍福朗、18%蝇毒磷乳粉、六六六、滴滴涕、二溴乙烷、杀虫脒、艾氏剂和狄氏剂、汞制剂、毒鼠强、三环锡等

（3）防治生姜主要病虫害且限量指标相对宽泛的农药种类和施用方法见表4-3。

5. 收获加工

（1）收获：出口生姜收获时期根据栽培方式不同而不同。露地栽培一般于10月中下旬、初霜到来前收获。设施栽培一般于11月下旬收获。一般于收获前3~4天浇小水，使土壤湿润，收获时使生姜保持少量的潮湿泥土入窖贮藏。

（2）加工

①挑选生姜：用于出口的生姜对质量和外观有严格的要求，因此需要对收获的生姜进行挑选。生姜要求新鲜，姜球胖，金黄色，无破损，无病虫害，生姜表皮不破，无变色、泥土、发霉等现象。

表4-3 出口生姜常用农药的施用方法

农药名称	剂型	常用药量（稀释倍数）	施用方法	安全间隔期（天）	最多使用次数	防治对象
百菌清	75%可湿性粉剂	500~600倍液	喷雾	7	3	紫斑病
代森锰锌（大生）	75%可湿性粉剂	500倍液	喷雾	7	3	

续表

农药名称	剂型	常用药量（稀释倍数）	施用方法	安全间隔期（天）	最多使用次数	防治对象
噁霜灵·锰锌（杀毒矾）	64%可湿性粉剂	500倍液	喷雾	3	3	
异菌脲（扑海因）	50%可湿性粉剂	500倍液	喷雾	10	1	
甲霜灵（瑞毒霉）	25%可湿性粉剂	500~600倍液	喷雾	1	3	霜霉病
乙膦铝	40%可湿性粉剂	500~600倍液	喷雾	7	3	
氢氧化铜（可杀得）	77%可湿性粉剂	500~800倍液	喷雾	3	3	
三唑酮	15%可湿性粉剂	800~1 000倍液	喷雾	7	2	锈病
甲基硫菌灵	70%可湿性粉剂	800~1 000倍液	喷雾	5	2	
多菌灵	50%可湿性粉剂	1 000倍液	喷雾	5	2	菌核病
腐霉利（速克灵）	50%可湿性粉剂	1 000倍液	喷雾	1	3	
安打（茚虫威）	15%悬浮剂	2 000~3 000倍液	喷雾	5	2	甜菜夜蛾、斜纹夜蛾
虫螨腈（除尽）	10%悬浮剂	1 000倍液	喷雾	14	2	
甲氧虫酰肼（雷通）	24%悬浮剂	2 000~3 000倍液	喷雾	10	2	
吡虫啉	10%可湿性粉剂	1 000~2 000倍液	喷雾	7	2	姜蓟马、潜叶蝇
多杀霉素（菜喜）	2.5%悬浮剂	1 000倍液	喷雾	1	1	

续表

农药名称	剂型	常用药量（稀释倍数）	施用方法	安全间隔期（天）	最多使用次数	防治对象
灭杀毙（增效马·氰乳油）	21%乳油	6 000倍液	喷雾	12	3	蝇蛆
溴氰菊酯	25%乳油	3 000倍液	喷雾	2	3	

②生姜出库：将筛选出的生姜运输到车间，可用周转箱盛放。周转箱要求整洁、无味、无污染。生姜运输过程中要轻拿轻放，防止碰伤。运输过程中最好选择恒温车，保证温度在10℃以上即可。周转库要求温度在13℃左右，空气相对湿度保持在90%左右。

③清洗：出口的生姜需要进行清洗，一般先用机器进行清洗，将泥沙等表面杂质洗净，再由加工人员对个别未清洗干净的姜块进行清洗。

④分级包装：将洗净的姜块按照分级标准进行分级，并进行不同级别装箱。

⑤入库：包装后入库，根据级别进行分别码垛，并进行标记，以免混淆。

⑥集装箱装运：出口的生姜一般采用集装箱装运。装运过程中要求轻装轻卸、防热防冻，一般温度保证在13℃，集装箱换气口要关闭。期间工作要进行及时记录。

四、有机生姜栽培

(一) 有机生姜生产定义和生产标准

1. 定义

有机生姜是指在整个的生产过程中严格按照有机农业的生产操作规程《欧共体有机农业条例2092/91》进行多次生产、采收、运输、销售，不使用化学农药、化肥、生长调节剂等化学物质以及转基因技术，遵循自然规律和生态学原理，采取一系列可持续发展的农业技术，协调种植平衡，维持农业生态系统稳定，且经过有机食品认证机构鉴定认证，并颁发有机食品证书的生姜产品。中国有机产品和有机转换产品标志如图4-1所示。

2. 栽培基地选择标准

(1) 气候条件：有机生姜栽培地的平均气温要在5.8~13℃，冬季最低气温不能低于-15℃，无霜期在200天左右，年有效积温为3 000~3 500℃，年日照时数在2 500h以上，年降水量保持在700mm以上。

(2) 土壤条件：生姜不适宜连作，应与水稻、十字花科、豆科等作物进行3~4年轮作。有机生姜栽培地应前3年未种过姜科植物。土壤具有土质肥沃、土层深厚、透气性好、有机质丰富、保水保肥能力强的特点，以沙壤土、壤土或黏壤土为首选。土壤养分方面包括有机质含量≥2%，碱解氮含量≥90mg/kg，速效钾含量≥100mg/kg，速效磷含量≥10mg/kg。土壤深度要求在40cm以上，pH值为5~7。

(3) 环境条件：根据有机产品标准规定，有机生姜生产基地对土壤质量、灌溉水以及大气污染物等都有限制，基地土壤环境质量符合国家二级标准，农田灌溉水质符合V类标准，环境空气质量标准要求达到国家二级标准和保护农作物的大气污染物最高允许浓度。相关标准见表4-4至表4-6。

表4-4 土壤环境质量标准值 （单位：mg/kg）

级别	一级	二级			三级
土壤pH值	自然背景	<6.5	6.5~7.5	>7.5	>6.5
项目					
镉 ≤	0.20	0.30	0.60	1.0	
汞 ≤	0.15	0.30	0.50	1.0	1.5
砷（水田）≤	15	30	25	20	30
砷（旱地）≤	15	40	30	25	40
铜（果园）≤	—	150	200	200	400
铅 ≤	35	250	300	350	500
铬（水田）≤	90	250	300	350	400
铬（旱田）≤	90	150	200	250	300
锌 ≤	100	200	250	300	500
镍 ≤	40	40	50	60	200
六六六 ≤	0.05		0.50		1.0
滴滴涕 ≤	0.05		0.20		1.0

注：1. 重金属（铬主要是三价）和砷均按元素量计，适用于阳离子交换量>5cmol（+）/kg的土壤，若阳离子交换量≤5cmol（+）/kg，其标准值为表内数值的半数。

2. 六六六为四种异构体总量，滴滴涕为四种衍生物总量。

3. 水旱轮作地的土壤环境质量标准，砷采用水田值，铬采用旱地值。

表4-5 农田灌溉水质标准

项目	水作	旱作	蔬菜
生化需氧量（mg/L）≤	80	150	80
化学需氧量（mg/L）≤	200	300	150

续表

项目	水作	旱作	蔬菜
悬浮物（mg/L）≤	150	200	100
阴离子表面活性剂（mg/L）	5.0	8.0	5.0
凯氏氮（mg/L）≤	12	30	30
总磷（以P计）（mg/L）≤	5.0	10	10
水温（℃）≤	35	35	35
pH值	5.5~8.5	5.5~8.5	5.5~8.5
全盐量（mg/L）≤	1 000（非盐碱土地区）；2 000（盐碱土地区）；有条件的地区可以适当放宽	1 000（非盐碱土地区）；2 000（盐碱土地区）；有条件的地区可以适当放宽	1 000（非盐碱土地区）；2 000（盐碱土地区）；有条件的地区可以适当放宽
氯化物（mg/L）≤	250	250	250
硫化物（mg/L）≤	1.0	1.0	1.0
总汞（mg/L）≤	0.001	0.001	0.001
总镉（mg/L）≤	0.005	0.005	0.005
总砷（mg/L）≤	0.05	0.1	0.05
铬（六价）（mg/L）≤	0.1	0.1	0.1
总铅（mg/L）≤	0.1	0.1	0.1
总铜（mg/L）≤	1.0	1.0	1.0
总锌（mg/L）≤	2.0	2.0	2.0
总硒（mg/L）≤	0.02	0.02	0.02
氟化物（mg/L）≤	2.0（高氟区）3.0（一般地区）	2.0（高氟区）3.0（一般地区）	2.0（高氟区）3.0（一般地区）
氰化物（mg/L）≤	0.5	0.5	0.5
石油类（mg/L）≤	5.0	10	1.0
挥发酚（mg/L）≤	1.0	1.0	1.0
苯（mg/L）≤	2.5	2.5	2.5

续表

项目	水作	旱作	蔬菜
三氯乙醛（mg/L）≤	1.0	0.5	0.5
丙烯醛（mg/L）≤	0.5	0.5	0.5
硼（mg/L）≤	1.0（对硼敏感作物，如马铃薯、笋瓜、韭菜、洋葱、柑橘等）；2.0（对硼耐受性作物，如小麦、玉米、青椒、小白菜、葱等）；3.0（对硼耐受性强的作物，如水稻、萝卜、油菜、甘蓝等）	1.0（对硼敏感作物，如马铃薯、笋瓜、韭菜、洋葱、柑橘等）；2.0（对硼耐受性作物，如小麦、玉米、青椒、小白菜、葱等）；3.0（对硼耐受性强的作物，如水稻、萝卜、油菜、甘蓝等）	1.0（对硼敏感作物，如马铃薯、笋瓜、韭菜、洋葱、柑橘等）；2.0（对硼耐受性作物，如小麦、玉米、青椒、小白菜、葱等）；3.0（对硼耐受性强的作物，如水稻、萝卜、油菜、甘蓝等）
粪大肠菌群数（个/L）≤	10 000	10 000	10 000
蛔虫卵数（个/L）≤	2	2	2

表4-6　GB 3095—2012中大气各项污染物的浓度限值

污染物名称	平均时间	浓度限值		浓度单位
		一级	二级	
二氧化硫	年平均	60	60	mg/m^3
	24h平均	50	150	
	1h平均	150	50	
二氧化氮	年平均	40	80	
	24h平均	80	120	
	1h平均	120	240	
一氧化碳	24h平均	4	4	mg/m^3
	1h平均	10	10	

续表

污染物名称	平均时间	浓度限值		浓度单位
		一级	二级	
臭氧	日最大8h平均	100	160	
	1h平均	160	200	
颗粒物 （粒径≤10μm）	年平均	40	70	
	24h平均	50	150	
颗粒物 （粒径≤2.5μm）	年平均	15	35	
	24h平均	35	75	
总悬浮颗粒物	年平均	80	20	
	24h平均	120	300	$\mu g/m^3$
臭氧化物	年平均	50	50	
	24h平均	100	100	
	1h平均	250	250	
铅	年平均	0.5	0.5	
	季平均	1	1	
苯并芘	年平均	0.001	0.001	
	24h平均	0.0025	0.0025	

（4）缓冲带：有机生姜栽培基地的地块应是完整的，其间不允许有常规生产地块，但允许夹杂有机转换地块，且与常规生产地块交界处明显。一般在有机基地和常规地块之间设置300m以上的缓冲带或物理障碍物，保证有机地块不受污染。

3. 品种选择

有机生姜在种植时应选择抗病、丰产、抗逆性强、商品性好的生姜品种，如莱芜大姜。

（1）种质要求：有机生姜姜种应选择肥大、丰满、皮色光亮无伤痕、未受冻、质地硬、无病虫害，姜芽位于上部和外侧的姜块。并且种姜应是有机来源的种姜。若得不到经认证的有机种子或种苗，可使用未经禁用物质处理的常规种姜，并且符合国家有机标准的要求。禁止使用转基因或含转基因成分的种姜。

（2）种姜消毒：获得的种姜要进行相应的消毒。于3月下旬至4月上旬，选择晴天，将种姜晾晒1天以杀菌消毒。种姜掰姜前可用等量波尔多液浸种20min，然后用新鲜、清洁的草木灰封伤口，以阻止病虫害通过种姜传播。

4. 施肥技术原则

严格按照有机蔬菜生产标准进行水肥管理。

（1）禁用化肥：有机生姜生长过程中严禁使用化肥，可施用有机肥料，如粪肥、饼肥、沼肥、沤制肥等；矿物肥，如钾矿粉、磷矿粉、氯化钙等；有机认证机构认证的有机专用肥或部分微生物肥料。

（2）施用方法：有机生姜栽培过程中每亩可施有机粪肥3 000~4 000kg作底肥，追施专用有机肥100kg。动、植物肥料用量比例以1∶1为宜。肥料施用主要包括施用底肥和追肥，其中底肥占总肥量的80%。

5. 病虫害防治技术原则

有机生姜种植过程中坚持"预防为主，综合防治"的植保原则，前期通过选用抗病品种、土地合理轮作、间混套作等农艺措施以及物理防治和生物防治等技术方法进行病虫害防治。有机蔬菜生产过程中严禁施用化学合成农药和基因工程技术产品。

（1）病害防治：有机生姜生产过程中可使用部分药剂进行病害防治，如石灰、硫黄、波尔多液、高锰酸钾等。另外铜制剂如氢氧化铜、氧化亚铜、硫酸铜等为限制施用的药剂，可用于细菌、真菌性病害防治。也可选用软皂、植物制剂（植物源杀菌剂）、醋等物质抑制真菌病害。还可选用微生物及其发酵产品防治生姜病害。

（2）虫害防治：有机生姜生产过程中的虫害防治提倡通过释放捕食性天敌如瓢虫、捕食螨、赤眼蜂等防治虫害；允许使用软皂、植物源杀虫剂和提取剂防虫；可以在诱捕器、散发皿中使用性诱剂、视觉性（黄板、蓝板等）和物理性捕虫设施（黑光灯、防虫网等）；可以限制性的使用鱼藤酮、植物源除虫菊酯、乳化植油和硅藻土杀虫；有限制地使用杀螟杆菌制剂、Bt 制剂等。

（3）防除杂草：提倡使用秸秆覆盖除草和机械除草，严禁使用基因工程技术产品或化学除草剂除草。

（二）有机生姜栽培管理技术

1. 整地播种

（1）整地施肥：前茬作物收获后的 10—11 月，土地进行冬耕，深翻 20～30cm，加厚耕作层。第二年土壤解冻后播种前，结合细耕每亩施用优质厩肥 3 000～5 000kg，磷矿粉 50～75kg，草木灰 100～150kg。

（2）做畦：地面整平耙细后，按照东西向或南北向做畦，畦面宽 120cm，沟宽 30cm，沟深 30cm 左右。

（3）播种：播种时间一般在 4 月中、下旬进行。将催好芽的姜块掰成 50～75g 大小种姜，每亩用量 300kg 左右。按照露地栽培技术中的播种方式进行播种。

（4）覆草：播种后 1 周左右进行稻草覆盖，保墒防草。可选用稻草、麦秸、杂草或其他秸秆，覆盖厚度为 3～5cm 即可。但应注意，覆盖所需的材料必须是来自有机体系内部或经有机认证的。

2. 田间管理

（1）遮阴：生姜遮阴方式主要有覆草、覆银灰膜、搭遮阳网、插姜草（荫障）等。其操作要点如下。

①覆草：生姜播种后将麦秸或其他材料直接盖在定植沟上方；地膜覆盖栽培的生姜出苗后割破地膜再覆草，用土压实，以防风吹。覆草厚度为 2～3cm，每亩用草量为 200kg。

②覆银灰膜：生姜覆土后直接覆盖银灰膜，出苗后破膜引苗，以防烧苗。应注意禁用含氟农膜。

③搭遮阳网：在生姜植株上方搭建遮阳网，棚高 80～100cm，遮阳网的遮光率要达到 60%。

④插姜草：在定植行的南侧或西侧插姜草，其高度一般约 60~70cm。

(2) 合理灌溉：为保证种姜顺利发芽，应保持土壤湿润。一般播种后 10~15 天，有 60%~70% 的生姜出芽时，浇第一次水，以浇小水为宜，促进生姜发芽。

(3) 追肥：除施用底肥外，生姜生长期还需进行追肥，以保证生姜优质高产。一般当苗高 30cm 时进行第一次追肥，每亩生姜施用腐熟人畜粪尿 300~400kg 或沼泽肥 1 500~2 000kg。立秋前后，生姜"三股杈"时期进行第二次追肥，此时每亩生姜追施饼肥 75kg 或商品有机肥 100~150kg、草木灰 150kg。9 月上旬生姜分枝 6~8 个时，追施根茎膨大肥，每亩追施生物有机肥 30kg，促进姜块膨大，防止根茎早衰。

(4) 培土：生姜根茎在土壤里生长，要求黑暗和湿润的环境，为防止生姜根茎膨大时露出地面，需要进行培土。生姜整个生长期一般要进行 3~4 次培土。苗高 15cm 时结合中耕除草进行第一次培土，之后每 15~20 天结合除草或施肥进行培土。

(5) 中耕除草：当苗高 15cm 时结合培土进行第一次中耕除草。6—8 月视田间杂草结合培土进行 2~3 次除草。9 月上旬，追施根茎膨大肥时进行除草。每次中耕深度 10cm 左右，不宜过深。若苗期时雨水过多，则应在雨后进行 2~3 次中耕除草。

3. 病虫害防治

生姜生长期会受到多种病虫伤害，有机生姜栽培对病虫害防治要求严格。常见的病虫害及防治措施如下。

(1) 姜瘟病：一般在 6—8 月发病，发现得病植株应及时挖除，以防传染其他生姜。在挖除的病姜窝内撒 250~500g 生石灰，用无菌土封住，并每 10~15 天喷施 1 次等量式波尔多液。

(2) 姜炭疽病：姜炭疽病的预防工作主要有 3 部分：①种姜收获后要彻底清除植株病残体，并异地烧埋处理。②尽量施用农家有机肥，不偏施氮肥。③要及时做好清沟排渍工作，防止田间积水。姜炭疽病发病时间一般在 6—7 月，此时应每 10~15 天喷施 1 次等量式波尔多液，连续喷 2~3 次。

(3) 姜斑点病：一般 7—8 月为发病初期，可喷施石硫合剂 500~600 倍液或可湿性硫磺粉进行防治。

(4) 姜螟：姜螟可在其发病初期用频振式杀虫灯或黄板诱杀成虫；也可在田间喷施除虫菊、鱼藤酮、苦参碱、茶皂素等生物杀虫剂。

(5) 小地老虎：6—7 月、10—11 月应深翻晒土，杀死幼虫和蛹；利用自制的糖醋毒液、黑光灯诱杀地老虎成虫；还可喷施除虫菊、苦参碱、烟草水等植物杀虫剂。

(6) 蓟马：可在 5—6 月姜田内挂蓝色粘虫板，或喷施肥皂水、除虫菊等药剂进行防治。

(7) 蚜虫：蚜虫可在 6—8 月用黄色粘板进行诱杀，并可用苦参碱、除虫菊等植物源农药防治。

4. 采收储运

(1) 采收：生姜的成熟采收期一般在 9 月中下旬至 10 月下旬，初霜到来之前，此时根茎已经充分成熟，选择晴天进行采收。使用洁净无污染的工具将生姜整株刨出，并把生姜上的土壤抖落干净，生姜自基部削掉，清除须根和肉质根，按照大小或不同生产区域的姜进行分装并用标签区别标记。

(2) 储藏：有机生姜一般放置在储藏窖中进行储藏，注意不能与常规产品同窖储藏，并注意防虫、鼠为害和机械损伤。储藏窖一般建成深 2m、宽 1.2m，常根据储藏生姜量而定。窖底略斜，并每隔 50~80cm 竖一根竹筒，除去顶节，其余打通，并在顶节下打孔。从窖底较高一端开始竖排姜块，每排一层，加盖一层湿润细沙，直至距地面 50cm 左右，最上层盖 8~10cm 厚的细沙。架上杆、木棍，并在上面铺盖玉米秸、稻草等作物秸秆，最后用细土封顶至高出地面。

(3) 运输：有机生姜的包装材料及运输工具都应经过消毒、

保持卫生及无化学药剂污染。运输时要轻装、轻卸,防止机械损伤;运输过程中注意防冻、防晒、防雨并且保持通风换气。有机生姜的包装袋需悬挂标签,标签上应注明有机生姜的生产基地、生产区,并有详细的运输记录等。

第五章 生姜病虫害防治技术

一、生姜病害防治技术

1. 姜瘟病

姜瘟病又称姜腐烂病，是生姜生产中最常见且普遍发生的一种毁灭性病害。发病地块一般减产10%~20%，重者减产50%以上，甚至绝产，对生姜生产构成严重威胁。姜瘟病非常难治，因此重点在于预防和控制其发生和流行。

（1）症状：全株均可发病，植株受病菌侵害后，不论茎叶或者根茎均表现症状（图5-1）。病菌一般出现在地上茎基部及根茎上侵染为害，发病初叶片萎缩，下垂而无光泽，而后叶片由下至上变枯黄色。病株基部初呈暗紫色，后变水渍状黄褐色，失去光泽，似开水烫过一样。横切或纵剖茎基部或根茎部，可见维管束变褐色，俗称"黑眼圈"，用手挤压，可见污白色米水状汁液（菌脓）从维管束溢出，这是诊断该病的重要依据。发病后期内部组织逐渐软化腐烂，仅残留外皮，挤压病部可流出污白色汁液，散发臭味。根部被害，也呈淡黄褐色，终至全部腐烂。

（2）病原：姜腐烂病是一种细菌性病害，病原为青枯假单胞杆菌，它不仅侵染生姜，亦侵害番茄、茄子、辣椒、马铃薯等茄科作物。

（3）传播途径和发病条件：病原菌主要在根茎和土壤中越冬，一般在土中可存活2年以上，带菌种姜是主要初侵染源，并可借助姜种调运作远距离传播，种植带菌种姜长出的姜苗就会发病。此外，在发病的姜田，因病株残体遗落地里，致使土壤带菌。如重茬连作，往往发病早且为害重，即使将无病种姜种在带菌土壤里，也会引起发病，所以病土也是姜腐烂病的重要侵染来源。越是老姜区，年年病茬地连作，病菌量年年积累增多，以致造成病害连年加重。除病姜、病土外，若姜田使用病残体或病土沤制的圈肥，也会将病菌带到田间引起发病，灌溉水、雨水、地下害虫也是传播疾病的媒介，病菌由根茎部伤口侵入，从薄壁组织进入维管束，即迅速扩展，终至全株枯萎。尤其在发病盛期，水源若被污染，病菌就会随水而流，引发病害，严重者导致病菌四处扩散，使病害迅速蔓延。

姜腐烂病的发生与蔓延受温度、湿度等多种因素的影响。病菌发育的适宜温度为26~31℃，温度越高，潜育期越短，病害蔓延越快。尤其在高温多雨天气，大量病菌随水扩散，造成多次再侵染，往往在短时间内，就会造成大批植株死亡。病害发生的轻重与雨季的早晚和降水量多少也有关系。雨季早，中心病株出现也早，发病早，为多次再侵染提供了机会。降水量大，为病菌的扩展、侵入和繁殖提供了方便条件。因此在高温多雨年份，往往会在短时间内造成病害大流行，为害严重。在降水量少且气温较低的年份，一般病情较轻。地势高燥、排水良好的沙质土，一般发病较轻；地势较洼、排水不良、土质黏重、田间积水或偏施氮肥的姜田，则发病较重。

（4）防治方法：姜腐烂病的传播途径多，发病期长，因而防治较为困难。目前尚无理想的杀菌药剂，亦未发现理想的抗病品种，因而应以农业防治措施为主，辅以药剂防治，以切断传播途径，尽可能控制病害发生和蔓延。

①土壤消毒：进行土壤消毒，可有效预防姜瘟病的发生。若病情较轻的地块可以选择黑白灰消毒，使用方法为每亩地撒施100kg草木灰和50~100kg生石灰。目前针对姜瘟病的土壤消毒剂主要是棉隆微粒剂。施用前先进行翻耕整地，每亩撒施棉隆微粒剂20~

30kg，并用旋耕机及时进行耕整，使棉隆与土壤充分混合，用塑料薄膜覆盖密封20天以上，之后揭开薄膜通气15天后进行播种。棉隆的成本较高，但对于姜腐烂病的土壤防治效果显著。

②轮作换茬：因姜腐烂病病菌可在土中存活2年以上，轮作换茬是切断土壤传播的主要途径，尤其是已发病的地块，要间隔3~4年才可种姜。种姜的前茬地应是种植粮食作物的地块。至于菜园地，以葱茬、蒜茬为好，种过番茄、茄子、辣椒、马铃薯等茄科作物，尤其是发生过青枯病的地块，不宜种姜。实践证明，实行4年以上轮作的，并使用无病姜种，结合精细管理，对控制姜腐烂病的发生有显著效果。

③严格选用无病种姜，药剂浸种：在生姜收获前，可在无病姜田严格选种，单收单藏，姜窖及时消毒。翌年下种前再进行严格挑选，消除种姜带菌隐患。催芽前用20%龙克菌（噻菌铜）悬浮剂500倍液浸姜种15~30min，或用3%克菌康800倍液浸姜种1~2h，或用72%农用硫酸链霉素可溶性粉剂1 000倍液浸种30min，或用1∶1∶200的波尔多液浸种10~20min，或用福尔马林100倍液浸10min，或用草木灰2kg加水0.5kg浸泡后取清液浸种姜10~20min。以上药剂消毒对于预防姜瘟病的发生有一定的作用。

④选地和整地：姜田应选在地势高燥，排水良好的地块。整地时地面要平，姜沟不宜过长，以不超过20m为宜。为防止雨季田间积水，应在姜田设置排水沟。

⑤施净肥：姜田所用肥料应保证无病菌，不能用病残体及带菌土壤沤制土杂肥，所用的有机肥必须经过充分腐熟。要实行配方施肥，平衡施肥。

⑥浇净水：姜田最好用井水灌溉，为防止水源污染，严禁将病株向水渠及井中乱扔，如有条件可采用滴管灌溉。浇水时应控制水量，切不可大水漫灌。

⑦发现病株及时铲除：田间发现病株后，应及时拔除中心病株及四周0.5m以内的健株，挖去带菌土壤，将病残体集中深埋或药

物处理，在病穴内撒施生石灰，然后用干净的无菌土填平，周围筑土埂，防止病菌扩散蔓延。

⑧发病初期药剂防治：除从生姜播种开始药剂处理姜种、播种沟外，于生姜姜瘟病发病初期药液喷淋或灌根，每天灌1次，连续3~4次，每株灌药液250~500mL。可选用以下药剂：3%克菌康可湿性粉剂800倍液，20%龙克菌悬浮剂500倍液，77%多宁可湿性粉剂400~600倍液，福尔马林溶液。

2. 生姜结群腐霉软腐病

（1）又称根腐病、软腐病，发病初期地基部茎叶出现黄褐色病斑，继之软腐，致地上部茎叶黄化萎凋后枯死；地下部块茎染病，呈软腐状，失去食用价值（图5-2）。一般结群腐霉引起的根腐病先引起植株下部叶片变短及叶缘褪绿变黄，后蔓延至整个叶片，逐渐向上部叶片扩展，致整株黄化倒伏，根茎腐烂，散发出臭味。

（2）病原：该病病原为结群腐霉菌，属鞭毛菌亚门真菌。25℃水培条件下，菌丝生长快，菌丝宽3~5μm。不产生游动孢子囊；孢子囊丝状或瓣状，长346μm，萌发时产生无色的泡囊；大小17~21μm，后从泡囊中释放出游动孢子；藏卵器无色至浅黄色，球形，壁薄且平滑，顶生或侧生，个别间生，柄直，直径23~39μm；雄器异丝生，具柄，呈曲径状，以茎端与藏卵器接触；卵泡子无色或浅黄色，大小19~32μm，内生贮物球多个。

（3）传播途径和发病条件：病菌以菌丝体在种姜或菌丝体和卵孢子在遗落土中的病残体上越冬，病姜种、病残体和饼肥成为本病的初侵染源。在温暖地区，游动孢子囊及其萌发产生的游动孢子借雨水溅射和灌溉水传播进行初侵染和再侵染。通常日暖夜凉的天气和种植地低洼积水、土壤含水量大、土质黏重有利于该病发生；种植带菌的种姜和连作种植发病重。

（4）防治方法：防治策略及措施与姜瘟病基本相同，都要强调预防为主，综合防治。强调抓好选留健种，种姜消毒，实行轮作和改进栽培技术等环节。药剂可使用20%霜霉威AS加入恶霉灵可湿性粉剂15g/亩,对水灌根2次。

3. 生姜枯萎病

(1) 症状:又称根茎腐烂病,主要为害地下部根茎,造成根茎变褐腐烂,地上部植株枯萎(图5-3)。该病与姜瘟病易于混淆,应注意区分。姜枯萎病根茎变褐而不呈半透明水渍状,挤压病部虽渗出清液但不呈乳白色浑浊状。镜检病部可见菌丝和孢子,保湿后患部多长出黄白色菌脓,二者均可产生大型和小型分生孢子。

(2) 病原:该病原菌属半知菌亚门真菌,包括尖镰孢菌和茄病镰孢菌,二者均可产生大型和小型分生孢子。

(3) 传播途径和发病条件:病原菌均以菌丝体和厚垣孢子随病残体遗落土壤中越冬。带菌的肥料、种姜和病土成为翌年初侵染源。种植密度大,株行距小,通风透光不好,发病重,氮肥使用太多,生长过嫩,抗性降低易发病;病部产生的分生孢子,借雨水溅射传播,进行再侵染;种植地连作,地势低洼、排水不良,土质黏重或施用未充分腐熟的土杂肥易发病;大雨或连阴雨后骤然放晴、气温迅速升高易发病;植株根部或茎基部受线虫或粪蛆为害,病菌易从伤口侵入。

(4) 防治方法:选地势高燥、排水良好的地块种植,并注意田间卫生,及时收集病残株烧埋;重病地块宜实行轮作。提倡施用酵素菌沤制的堆肥和充分腐熟的有机肥,适当增施磷、钾肥,播种前精选姜种,并用50%多菌灵可湿性粉剂300~500倍液浸姜种1~2h,捞起拌草木灰下种。发病初期于病株及其四周浇灌50%多菌灵可湿性粉剂500倍液或70%甲基托布津可湿性粉剂1 000倍液或50%苯菌灵可湿性粉剂1 500倍液,隔3~5天1次,连续防治2~3次,以控制病害蔓延。

4. 生姜立枯病

(1) 症状:在幼苗和成株均可发病,主要为害幼苗。发病初期,病苗茎基部近地处褐变,导致地上茎叶枯黄。叶片染病,初生椭圆形至不规则形病斑,扩展后常相互融合成云纹状,故又称纹枯病(图5-4)。茎秆上染病,湿度大时可见微细的褐色丝状物,即病原菌菌丝。根状茎染病,局部变褐,但一般不引起根腐。

(2)病原:病原为丝核菌。属半知菌亚门真菌。

(3)传播途径和发病条件:病菌主要以菌核遗落土中或以菌丝体、菌核在杂草和田间其他寄主上越冬。翌年条件适宜时,菌核萌发产生菌丝进行初侵染,病部产生的菌丝又借攀援接触进行再侵染,病害得以传播蔓延。高温多湿的天气或种植地郁闭、高湿或偏施氮肥,皆易诱发本病,田间湿度大、排水不良的地块发病重。

(4)防治方法:选择地势高燥、排水良好的地块种姜。施用酵素菌沤制的堆肥或腐熟有机肥。田间积水时,及时排涝,降低田间湿度。发病初期喷淋或浇灌20%甲基立枯磷乳油1 200倍液,或用10%立枯灵水悬剂300倍液,或用50%禾穗宁可湿粉剂2 000倍液,或用农抗120水剂200~300倍液,隔2~3天1次。

5. 生姜斑点病

(1)症状:主要为害叶片,叶斑黄白色,梭形或长圆形,细小,长2~5mm,斑中部变薄,易破裂或穿孔(图5-5)。严重时病斑密布,全叶似星星点点,故又名白星病。病部可见针尖状分生孢子器。

(2)病原:引起生姜斑点病的病原为半知菌亚门叶点霉属。分生孢子器为球形至扁球形,黑褐色,具孔口,当孢子成熟时即从孔口涌出。分生孢子椭圆形,单胞,无色。分生孢子团常呈带状或卷须状。

(3)传播途径和发病条件:主要以菌丝体和分生孢子器随病残体遗落土中越冬,以分生孢子作为初侵染和再侵染源,以雨水溅射传播蔓延。温暖高湿,株间郁闭,田间湿度大或重茬连作地块,均有利于该病发生。

(4)防治方法:一是避免连作,实行2~3年轮作。二是选择排灌方便的地块种植,不要在低洼地种植,并且要挖排水沟,并在稻田和平地实行高畦栽培。三是注意氮磷钾配比施肥,不要偏施氮肥,适当增施磷钾肥,提高植株抗病能力。四是发病初期,可使用药剂10%苯醚甲环唑水分散粒剂或25%嘧菌酯悬浮剂在茎叶上均匀喷雾。

6. 生姜炭疽病

(1) 症状:为害叶片。多先自叶尖及叶缘出现病斑,初为水浸状褐色小斑,后向内扩展呈椭圆形、梭形或不规则状褐斑,斑面云纹明显或不明显。数个病斑连成病块,使叶片变褐干枯(图5-6),潮湿时,病叶面呈现小黑点,即病菌分生孢子盘。

(2) 病原:引发该病的病原为半知菌亚门辣椒刺盘孢菌和盘长孢状刺盘孢菌。

(3) 传播途径和发病条件:两菌以菌丝体和分生孢子盘在病部或随病残体散落土中越冬。分生孢子借雨水溅射或昆虫活动传播,成为本病初侵染和再侵染源。病菌除为害生姜外,尚可侵染多种姜科和茄科作物。连作重茬,植株生长过旺,田间湿度大,偏施氮肥,均有利于该病发生。

(4) 防治方法:一是注意轮作,避免姜田连作。二是注意田间卫生,收获时彻底清除病残体,集中烧毁。三是增施农家肥,注意氮磷钾配比施肥,以增强植株抗病能力;严禁偏施氮肥,以免植株生长过旺。四是严禁田间积水,种植前挖好排水沟,及时做好清沟排渍工作。五是合理密植,避免田间积水。六是用70%甲基硫菌灵可湿粉剂1 000倍液或75%百菌清可湿粉剂1 000倍液或40%多硫悬浮剂500倍液或50%复方硫菌灵可湿粉剂1 000倍液或30%氧氯化铜悬浮剂300倍液,于发病初期进行叶面喷施,隔10~15天喷1次,连续喷2~3次。

7. 生姜病毒病

(1) 症状:主要为害叶片,在叶面上出现淡黄色线状条斑,引起系统花叶。严重时,植株萎缩、矮化,影响产量和品质(图5-7)。

(2) 病原：引起生姜病毒病的主要病原有黄瓜花叶病毒和烟草花叶病毒。

(3) 传播途径和发病条件：一是生姜生产上长期采用无性繁殖，种姜内病毒多年积累为害，二是病毒多在多年生宿根植物上越冬，靠蚜虫进行传播。

(4) 防治方法：目前，生姜病毒病还没有有效的药剂防治，因此主要是防止和减少病毒侵入为主。一是对姜种进行组培脱毒，繁殖无毒姜种。脱毒苗具有生长快、长势旺、茎叶粗壮、根深叶茂、抗病耐高温、抗逆性强、提高产量等优势，且一次引种可连续应用3~5年。二是因地制宜选育和更换抗病高产良种。三是防治蚜虫。采用黄板诱杀蚜虫，预防蚜虫进一步传播病毒病，也可用3%啶虫脒1 000倍液或25%联苯菊酯乳油2 000倍液或2.5%三氟氯氰菊酯乳油4 000倍液，可有效预防蚜虫发生。加强检查，于当地蚜虫迁飞高峰期及时杀蚜防病，同时挖除病株，以防扩大传染。发病初期时喷洒20%毒可星可湿粉剂500倍液或5%菌毒清可湿粉剂500倍液或20%病毒宁水溶性粉剂500倍液或0.5%抗毒剂一号水剂250倍液，隔5~7天喷1次，连续2~3次。

二、生姜虫害防治技术

1. 生姜根结线虫病

姜根结线虫病又称癞皮病、疥皮病，是近年来发生的主要病害。发病地块已达10%左右，一般可使生姜减产20%以上，且为害逐年加重。

(1) 为害特点：该病在田间一般呈圆心辐射状成片发生，严重者迅速发展到整块姜田。发病植株株高、茎粗、分枝数显著低于健株。叶色变淡，根系稀少，根尖变褐并腐烂，根茎颜色发暗，表面似蟾蜍表皮，严重时出现疣裂（图5-8）。横切根茎，可看到黄色或褐色半透明圆形斑点。

(2) 形态特征：引发该病的病原为南方根结线虫（图5-9），卵为肾脏形至椭圆形，淡褐色。幼虫头钝，尾稍尖，蠕虫形，无色透明。雌虫鸭梨形，虫体白色，前体部突出如颈，后体部圆球形。雄虫细长蠕虫形，头部略尖呈圆锥形，尾部钝圆，后体部常向腹面扭曲。

(3) 传播途径和发病条件：南方根结线虫主要在土壤和病姜根中越冬，成为翌年初侵染源，并可借助姜种调运作远距离传播。一般7月中旬后，逐渐出现发病症状，病株生长缓慢，病原侵染根系，根尖受损，很少发根。至8月，病株根茎已有病变的突起，根尖开始腐烂。9月中旬为发病最严重的时期，病株株高显著低于健株，叶色变淡，根茎表面突起，初出现疣裂症状，根系腐烂1/2~2/3之多。9月中旬后，病株已基本停止生长，根茎发生疣裂的速度逐渐减缓。病姜收获贮藏过程中，发病加剧，致使失去商品品质，严重者造成腐烂。

(4) 防治方法：生姜根结线虫病病原在土壤中分布范围广，发病周期长，防治较为困难。药剂使用10%噻唑磷颗粒剂沟施或者撒施；1.8%阿维菌素乳油喷沟。

2. 姜螟

(1) 为害特点：姜螟又名钻心虫，不仅为害生姜，还为害玉米、高粱、甘蔗等作物，为杂食性昆虫。幼虫孵出2~3天后，便成群从叶鞘与茎秆缝隙或心叶侵入，被害叶片呈薄膜状，残留有粪屑。叶片展开后，呈不规则的食孔，茎、叶鞘常被咬成环痕。幼虫孵出的第四至第六天，多在茎秆上部蛀食，造成茎秆空心，使水分运输受阻（图5-10、图5-11）。姜苗受害后，上部枯黄凋萎或造成茎秆折断。

(2) 形态特征：姜螟成虫灰黄色，体长10~13mm，翅展25~32mm，前翅灰黄色，边缘有7个点，后翅白色。雄蛾略小，体色和翅色较深，前额圆，触角鞭状、雌蛾前翅黑点不太明显，触角丝状。卵长12.8mm，宽0.78mm，淡黄白色，扁平、椭圆形，卵粒表面有龟甲状刻印，卵块呈2行排列，产于叶背。幼虫体长

28mm，初卵乳白色，老熟时淡黄色，背面有褐色突起，两侧有紫色亚背线，气门上各有2条线，头壳、口器均为黄褐色。蛹长12~16mm，体红褐色至暗褐色，腹末稍钝，腹部各节间有白色环线。

（3）生活习性：姜螟每年发生2~3代，世代重叠，以末代老熟幼虫在作物或野生杂草茎秆内越冬，翌春即在茎秆内化蛹。成虫羽化后，白天隐藏在作物及杂草间，傍晚飞行，飞翔力强，有趋光性，夜间交配。交配后1~2天产卵，卵产于叶背中脉两侧，平均每头雌虫产卵180~210粒。

（4）防治方法

①清理田园：生姜收获后，将生姜的断株、枯叶及虫害苗、杂草清除干净，集中烧毁。

②人工捕捉：发现幼苗被害时，找出虫口，剥开茎秆即可捉到幼虫。

③物理杀虫：安装使用新型绿色环保杀虫灯——振频式电子杀虫灯。通过应用发现，杀虫灯能诱杀20多个科100多种害虫，每只杀虫灯每日可诱杀500~1 000只成虫，大大降低了田间落卵量和幼虫发生量，特别对越冬代和第一代成虫诱杀，对控制害虫种群发生及为害起到决定性作用。通过采用杀虫灯诱杀成虫后，大大减少了农药的使用量，降低了防治成本，有灯区比无灯区每亩可节省防治成本44.76元，而且有效地解决了生姜生产中的农药残留超标问题。

④药剂防治：姜螟幼虫在2龄前抗药性最差，因此提倡治早治小，适时进行喷药防治。药剂可使用20%氯虫苯甲酰胺悬浮剂、20%氟虫双酰胺水分散粒剂，在茎叶上均匀喷雾。

3. 小地老虎

（1）为害特点：小地老虎俗称土蚕、地蚕，在各地普遍发生，它为害各种蔬菜及农作物的幼苗，也是生姜苗期的重要害虫之一（图5-12）。幼虫为害时间多在5月中旬至6月上中旬，1~2龄幼虫常栖息在表土或姜苗的新叶里，昼夜活动并不入土，3龄以后，白天潜入土下 2cm 左右处，夜里出来活动为害。以 21：00、24：00及清晨5：00活动最为旺盛，一般于姜苗基部近地表层1~3cm处伤害姜苗及生长点，造成心叶萎蔫、变黄或猝然倒地。常常是齐地咬断嫩茎。

（2）形态特征：成虫体长16~23cm，翅展42~54cm，深褐色，前翅由内横线、外横线将全翅分为3段，具有显著的肾状斑，环形纹、棒状纹和2个黑色剑状纹；后翅灰色，无斑纹。卵长5mm，半球形，表面具纵横隆纹，初产时乳白色，后出现红色斑纹，孵化前灰黑色。幼虫体长37~47mm，灰褐色，体表布满大小不等的颗粒，臀板黄褐色，具2条深褐色纵带。蛹长18~23mm，赤褐色，有光泽，第五至第七节腹节背面的刻点大，臀棘为短刺1对，中间分开（图5-13）。

（3）生活习性：小地老虎一年内可发生数代，以老熟幼虫及蛹在土中越冬，每年主要以第一代幼虫为害姜苗。成虫夜间活动交配产卵，卵产于5cm以下的杂草上，尤其在贴近地面的叶背及嫩茎上，每雌蛾平均产卵800~1 000粒。成虫对黑光灯及糖醋酒有较强趋性。幼虫共6龄，3龄前在地面、杂草或姜株上取食，为害较小；3龄后白天潜伏在表土中，夜间出来活动，伤害姜苗，造成心叶萎蔫、变黄或猝然倒地。小地老虎喜温暖及潮湿环境，最适宜发育温度为13~25℃，在河流湖泊地区和低洼内涝、雨量充足及长年灌溉地区，易发生小地老虎为害。

（4）防治方法

①人工捕捉：对高龄幼虫，可在每天早晨到田间扒开新被害植株周围或畦边田埂阳坡表土，捕捉幼虫。

②除草灭卵：清除田埂、路边及姜田周围杂草，以破坏小地老虎产卵场所，消灭虫卵及幼虫。

③诱杀防治：可利用黑光灯、振频式杀虫灯、糖醋酒诱蛾液的物理方法诱杀成虫，降低田间落卵量和幼虫基数。

④药剂防治：在1~3龄幼虫期，用灭杀毙8 000倍液，或

2.5%溴氰菊酯3 000倍液，或90%敌百虫800倍液。

4. 异形眼罩蚊

异形眼罩蚊是生姜贮藏期的主要害虫，幼虫俗称姜蛆，也为害田间种姜，对生姜的产量和品质造成一定的影响。

（1）为害特点：异形眼罩蚊主要是幼虫（姜蛆）为害，除为害贮藏姜外，也为害田间种姜，但以在姜窖内为害最重。姜块以顶端幼嫩部分受害为主。因异形眼罩蚊幼虫有趋湿性和隐蔽性，初孵幼虫即蛀入生姜皮下取食（图5-14）。在生姜圆头处取食者，则以丝网粘连虫粪、碎屑覆盖其上，幼虫藏身其中。幼虫生性活泼，身体不停地蠕动，头也摆动，以拉丝网。生姜受害处仅剩表皮、粗纤维及粒状虫粪，还可引起生姜腐烂。

（2）形态特征：异形眼罩蚊成虫体褐色，雌虫体长1.7~2.1mm，无翅；雄虫体长1.3~1.6mm，有一对前翅，呈灰褐色。卵椭圆形，长0.025~0.03mm。幼虫体细长，圆筒形，长4~5mm，头部漆黑色，胚乳白色。幼虫生性活泼，身体不停蠕动，头也摆动以拉丝网。蛹为裸蛹，初呈乳白色，后变黄褐色，羽化前灰褐色。

（3）发生规律：异形眼罩蚊对环境条件要求不严格，4~35℃范围内均可存活，因而姜窖可周年发生，尤其到"清明"节气温回升时，为害加剧。据在田间调查，种姜被害率达20%~25%。受害种姜表皮色暗，肉呈灰褐色，剥去被害部位表皮，可见若干白线头状幼虫在蠕动，有的被害姜块已腐烂，在其中仍有幼虫存活，说明幼虫有植食性兼腐食性的特点。但在田间调查中，未发现鲜姜受害者。该虫一年可发生若干代，一般20℃条件下，一个月可发生一代。

（4）防治方法

①姜窖内防治：首先清理姜窖，做好药物处理。生姜入窖前几天，要将原姜窖内的旧姜、碎屑、铺垫物等所有东西全部清理出来，打扫干净，铺上5cm厚的细沙，使用杀虫剂和百菌清、多菌灵等杀菌剂将姜窖均匀喷一遍，井窖口罩上防虫网。生姜入窖后，

也可用药剂熏蒸。

②田间防治：精选姜种，发现被害种姜立即淘汰。

5. 蓟马

蓟马是一种食性很杂的害虫，除为害生姜外，还为害百合科、葫芦科和茄科等多种蔬菜作物，也能为害烟草、棉花等作物。

（1）为害特点：蓟马的成虫和若虫均以锉吸式口器吸食植物汁液（图5-15）。姜叶受害，产生很多细小的灰白色斑点。受害严重时，叶片枯黄、扭曲（图5-16）。

（2）形态特征：蓟马成虫体长1~1.3mm，体色自淡黄色至深褐色，多数为淡褐色。复眼紫红色，呈粗粒状，稍突出。触角7节。雄虫无翅。雌虫有翅，翅淡黄褐色。卵肾形，黄绿色。若虫共分2龄，1龄若虫白色透明；2龄若虫体长0.9mm，形态似成虫，体色自浅黄色至深黄色。前蛹体形似2龄若虫，已长出翅芽，能活动，但不取食。

（3）生活习性：蓟马一年可发生10代左右。主要以成虫和若虫在越冬大蒜和大葱的叶鞘内越冬，蛹在葱地和蒜地的土壤中越冬，春天出来活动，繁殖后代，不断为害，5月下旬至6月上旬迁飞姜田为害。7月以后，气温高，降雨也逐渐增多，蓟马的发生受到一定的抑制，虫口数量有所减少。

蓟马成虫很活跃，会飞也会跳，并可借助风力传播扩散。成虫忌光，白天躲在叶腋或叶荫处为害。雄成虫极少发生，主要由雌虫进行孤雌生殖。在5—6月完成一个世代需要20多天，蓟马发生的适宜条件是气温23~28℃、相对湿度40%~70%。在高温高湿条件下，若虫难以生存。

（4）防治方法

①农业防治：早春清除田间杂草和残株、落叶，集中烧毁或深埋，消灭越冬成虫或若虫，栽培过程中勤浇水、勤除草，可减轻为害。

②药剂防治：可用2.5%吡虫啉可湿性粉剂10g/亩或用3%啶

虫脒可湿性粉剂 40g/亩对水喷雾。还可用 2.5%溴氰菊酯 3 000 倍液喷雾。

③物理防治：蓟马有趋向蓝光的习性，可在姜地设置蓝色粘板，将蓟马粘在粘板上，能减少蓟马的为害。

6. 甜菜夜蛾

（1）为害特点：甜菜夜蛾属杂食性害虫，为害多种作物，是生姜中后期的主要害虫（图 5-17）。初孵幼虫群集叶背，吐丝结网，在叶片背面取食叶肉，留下表皮，使作物叶片形成薄膜状，成透明小孔。3 龄以后分散为害，可将叶片吃成孔洞或缺刻，可食尽姜叶仅留叶脉。由于该虫外表特征与棉铃虫相似，表皮厚而光滑，农药不宜浸入，一般农药防治效果差。

（2）形态特征：甜菜夜蛾可分为成虫、卵、幼虫、蛹 4 个阶段。

（3）生活习性：华北地区一年发生 4~5 代，以蛹在土壤内越冬，在亚热带和热带地区全年可生长繁殖，无明显越冬现象。终年繁殖为害。成虫夜间活动，最适宜的温度 20~23℃，相对湿度 50%~75%。有趋光性。

（4）防治方法

①农业防治：结合田间管理，进行秋耕或冬耕，可消灭部分越冬蛹。采用黑光灯或频振式杀虫灯诱杀成虫。春季 3—4 月清除杂草，消灭杂草上的初龄幼虫。人工采卵和捕捉幼虫。

②生物防治：可采用细菌杀虫剂。

③化学防治：可于 3 龄以前采用药剂防治：1.8%阿维菌素乳油 2 000~3 000 倍液、0.5%甲氨基阿维菌素苯甲酸盐乳油 2 000~3 000 倍液、5%丁烯氟虫腈乳油 2 000~3 000 倍液、2.5%三氟氯氰菊酯乳油 4 000~5 000 倍液、40%菊·马乳油 2 000~3 000 倍液等。对水喷雾，视虫情每隔 7~10 天防治 1 次。注意农药使用时应交替使用，防止出现抗性。

④生理防治：可采用昆虫生长调节剂。

第六章　生姜制种技术

姜因缺乏种子，传统技术上只有靠无性选择和诱变技术来开展育种工作，但无性选择和诱变技术又具有局限性和不稳定性，且无性繁殖极易感染姜枯病、姜腐烂病等。随着科技的发展，组织培养、体细胞突变、离体突变与筛选等生物技术，成为生姜育种工作的新途径。随着姜产业的全面发展，姜组织培养技术的深入研究，对于姜的良种培育和推广应用具有十分重要的价值。

一、生姜组织培养

组织培养又叫离体培养，指用植物各部分组织，如形成层、薄壁组织、叶肉组织、胚乳等进行培养获得再生植株，也指在培养过程中从各器官上产生愈伤组织的培养，愈伤组织再经过再分化形成再生植株。植物组织培养主要经过："外植体—愈伤组织培养—分化—生根—炼苗—定植"几个步骤（图6-1至图6-3）。

1. 外植体选择

外植体是植物组织培养中作为离体培养材料的器官活组织的片段。生姜组织培养的外植体一般有营养芽、花芽、花药等。

营养芽又包括顶芽和腋芽，其可分化成丛生芽或者愈伤组织，但常因污染而导致成活率低。用姜的顶芽和腋芽芽尖作为外植体时，常因污染而死亡；通常情况下，外植体越大，其成活率越高，相对污染率也越高，但当外植体过小时，会增加操作难度。缪静（2004）研究发现，当外植体直径为 0.6~1mm 时，污染率较低，成活率较高。

花的分生组织在不同发育阶段经合适的培养基培养，可发育成营养芽、花和种子。用花芽作外植体比用营养芽作为外植体污染率低。Ravindran等（2007）用芽龄7天的花芽进行组织培养，结果发现有70%的外植体形成营养芽，其中有26%经诱导可形成丛生芽，这些丛生芽经继代培养可形成完整小苗；约20%的外植体因花芽原基已经分化，可直接发育成花，并能正常开花授粉。花芽培养为获得用于冷冻保存的花粉和用于离体授粉的无菌花粉提供了良好途径。

另外，当生姜块茎作为外植体时，其消毒比较麻烦，且脱毒不彻底，而茎尖等生长点没有维管束，病毒传播只能通过胞间连丝，赶不上细胞分裂和生长速度，所以茎尖几乎不含病毒。茎尖进行组织培养时培养效果较好，后代稳定，因此应用比较广泛。

2. 培养基选择

植物组织培养作用的培养基是供植物组织生长和维持用的人工培植的养料，其中包含碳水化合物、含氮物质、无机盐（包括微量元素）以及维生素等营养物质。培养基按照其物理状态可分为固体培养基、液体培养基和半固体培养基三种，生姜组培常用的是固体培养基。常用的培养基有MS培养基、B5培养基、N6培养基、MT培养基、WPM培养基等。生姜组织培养一般使用MS培养基，生根时使用1/2 MS培养基。

3. 激素配比

生姜的组织培养因生姜品种不同而需要不同的激素配方。张伟等（2019）选取张良姜根茎营养芽作为外植体进行组织培养，初代培养使用MS培养基，激素配比为2.0mg/L 6-BA+0.5mg/L NAA。利用此配方先诱导出苗，再利用幼苗进行分化培养：MS+4.0mg/L+0.5mg/L NAA，形成丛生芽后，利用生根培养基1/2MS+0.1mg/L NAA生根，获得完整的姜苗。而李芳（2016）利用山东生姜的营养芽为外植体，利用不同激素配比进行筛选试验，得出生姜的诱导培养基为MS+1.5mg/L BA+0.5mg/L NAA+30g/L

糖，增殖培养基为 MS+1.5mg/L +0.2mg/L NAA+30g/L 糖，生根培养基以 MS+0.2mg/L NAA+45g/L 糖为宜，生根率高达 95%。而李晓波等（2018）在对海南生姜组织培养过程中得出，生姜的分化培养基为 MS+2.0mg/L 6-BA+0.1mg/L NAA 时最有利于芽的分化，在 MS+（1.0~4.0mg/L）6-BA+（0.1~0.5mg/L）NAA 培养基上能实现生姜增殖与生根诱导同步进行，繁殖系数达到 5.0 以上，生根诱导率达 100%。

二、生姜诱变育种

诱变育种是培育生姜新品种的一种方式。生姜目前常用的诱变育种是四倍体育种和辐射诱变育种。

1. 诱变育种

早在 20 世纪 50 年代，育种学家就开始探索诱变育种技术（王磊等，2013）。经过 60 多年的发展，诱变剂的选择、诱变技术的优化到后代分离技术日趋完善。周明等（2008）研究表明，用 $^{60}Co\gamma$ 射线辐照姜根茎可使新生植株在分子水平上发生变异。山东农业大学通过姜组织培养和 $^{60}Co\gamma$ 射线诱变相结合，选育出了姜块肥大的高产姜新品种山农大姜 1 号（赵德婉等，2005）。

2. 四倍体育种

多倍体育种是植物育种的新途径，不仅可以对形状进行改良，还可以提高植物体内成分的含量。秋水仙碱是多倍体育种常用的诱导剂。郭启高等（2000）通过注射法、涂抹法、浸泡法、包埋法和加入到培养基的方法研究了秋水仙碱诱导生姜多倍体育种的使用效果，结果发现：涂抹法的效果最差，对诱导不起作用；注射法则易导致生长点死亡，降低诱导率；浸泡法由于其用量大，毒害作用大，易导致缺氧而死亡；包埋法的效果较好，但随浓度的升高，外植体死亡增多；加入到培养基中的处理表现出较好的诱导率和存活率，并且秋水仙碱的用量少，方法简便，工作量少。

诱导成功的四倍体植株在形态上具有植株高大、茎秆变粗、叶片变厚等明显的形态特征。另外,王志敏等(2010)发现,四倍体生姜叶片气孔长和宽明显大于二倍体,而气孔密度有所下降;另外,保卫细胞内叶绿体的数量也有所增加。

第七章 生姜贮藏技术

一、生姜的贮存条件

贮存生姜主要包括种姜、老姜、加工姜和菜用鲜姜等，贮存时间多为3~8个月，最多不宜超过一年。一般来说，贮藏时间越短，其贮藏方式就越简单；贮藏时间越长，对贮藏条件的要求就越高。生姜的贮存应根据贮藏的目的，因地制宜选择适当的贮藏方式。

贮藏生姜要严格挑选大小整齐、质量好、无病害的健壮姜块，剔除受伤、干瘪、受冻、受雨淋和有病的姜块。

生姜性喜温暖湿润，不耐低温，10℃以下易受冷害，受冷害的姜块在温度回升时容易腐烂。生姜最适宜贮藏温度为16~20℃，温度过高则贮藏期间容易发芽，使姜腐病等病害蔓延，腐烂严重。适宜贮藏湿度为90%~95%，空气相对湿度低于90%，生姜易因失水而干枯萎缩。贮藏过程发现腐烂生姜应迅速清除，并撒生石灰消毒。

二、生姜的贮藏方法

1. 井窖贮藏法

井窖贮藏法是目前姜区常用的方法。井窖的位置应选在地势高，地下水位低，背风向阳处。井窖由井筒及贮姜洞组成。井窖的深度依地下水位高低而不同，一般6~7m。修井窖时，先挖一个直径80cm的圆井口。随着往下挖，井筒直径逐渐扩大，至底部时，直径达 1.1~1.2m。在挖井筒时，需在两侧挖坎，以便于人员上下井工作，井筒挖好后，自井底侧旁再挖 2~3 个贮姜洞，洞口的高度与宽度各 80cm 左右，洞口里面随挖随向两侧及上方扩大，使贮姜洞高达 80cm 左右，宽 2~2.5m，以便于工作。贮姜洞的长度依贮姜多少而定，一般长 3~4m，可贮姜 2 000kg 左右。井窖挖好后，还需用砖石砌建井口，使井口高出地面 40~50cm，以防雨水流入窖内。

生姜入窖前应彻底清扫贮姜洞及井底，若里面太干，可适当洒水保持湿润，也可提前使用百菌清、多菌灵等杀菌剂对井窖进行杀菌灭虫处理，而后在洞底铺 5~6cm 厚的湿沙。生姜收获后，随即将带着潮湿泥土的姜块一层一层放入洞内，由里及外排至洞口。姜块排放方式，可竖放也可平放，排放高度以距洞顶 30cm 左右为宜。

生姜入窖之后，放置 10~15 天，暂不封口，只用席子或草苫稍加遮盖井口即可。此期间因姜块呼吸作用旺盛，大量释放二氧化碳，窖内严重缺氧，人切不可下窖。至 20~25 天后，姜块呼吸作用减弱，二氧化碳含量基本平衡，经过通风换气后，操作人员便可下窖封洞口了，但应保留 20~30cm 见方的通气孔。封口的时间应当适当掌握，这是姜贮藏过程中的重要环节。若封口过早，姜呼吸释放的热量和二氧化碳不易散发，可导致姜块腐烂；而洞口封得过晚，则姜洞会有冷空气侵入，姜块有受冻的危险。随外界气温逐渐下降，井口也应适时封闭，多在 11 月上旬封口。用大石板盖住井口后，四周用土封严，若天气寒冷，其上还可加盖柴草。

2. 生姜坑道及大型姜窖贮藏法

山区丘陵地区可借助半山坡挖坑道贮姜。坑道应挖在背风向阳处，一般向里挖 10~15m，高 2m 左右的主坑道，然后在主坑道内向两侧开挖侧坑道，形状及贮藏方法同井窖，越冬期间封严坑道，以防冷空气侵入。

近年来，生姜主产区出口加工企业利用大型姜窖贮藏生姜取得良好效果。姜窖的建造方法与坑道开挖方法类似。生姜贮藏方法虽多种多样，但贮藏期间的环境条件应尽量保持一致。生姜贮藏的适宜环境条件一般以温度11~13℃，空气相对湿度95%左右为好。若温度低于10℃，生姜易受冷害，不能长期贮藏；若温度高于15℃，则生姜贮藏期间易发芽。

生姜贮藏过程中，其结构发生显著变化。据观察，生姜入窖第14天，其幼嫩表皮细胞开始在壁上淀积栓质，第33天可形成完好的周皮。此外，入窖时，姜块存留的残茎在6天后开始部分解体，第24天已全部解体并形成完好周皮，群众称这一过程为"圆头"。经圆头后的生姜，姜块形成较厚的周皮作保护层，组织紧密，便于贮藏及运输。

3. 坑埋贮藏法

先挖深1m、直径2m的贮藏坑，上宽下窄，圆形或方形均可，以坑壁润爽、坑底无地下水为原则。坑中央立一把秸秆，以利于通风和测量温度。将经严格挑选的姜块摆放在坑内，表面覆盖一层姜叶，然后再覆盖一层土。以后随着气温下降，分次覆盖土，覆盖土总厚度最后应超过60cm，以保持坑内适宜的贮藏温度。坑底用稻草或秸秆做成圆尖形，用以防雨，四周设排水沟，北面设风障防寒。

贮藏中既需注意防热又要注意防寒。在入坑初期，根茎呼吸旺盛，温度容易升高，可适当留小口通风，后逐渐全部封闭坑口。入坑最初的一个月内是姜愈伤组织老化的过程，要求保持坑内适度高温，以20℃以上为好，以后保持15℃即可。冬季封口必须封严实，严防冷害和坑口积水。

4. 室内堆藏法

在贮藏量较大，贮藏时间不长的情况下，可选择室内堆藏。冬季温度较低，室内堆藏的姜需要用草包或草帘或塑料薄膜覆盖，以防失水萎蔫和低温冷害。室内堆藏可置于塑料网袋或竹筐或塑料筐中堆码存放，如果散放，需添加河沙或风化细沙或细泥土等填充物，而且生姜不宜堆得过高，一般不超过 1.5m。散放生姜相互之间的空间很小，容易发热，因此堆内应均匀放入若干用稻草扎成的通气簇以利通风透气。塑料网装或筐装的生姜有足够的通气空间，可以不用通气簇。室内堆藏的温度一般控制在 18~20℃。如室内温度过高，可减少覆盖物以散热降温；当气温下降时，可增加覆盖物保温。

5. 冷藏库贮藏法

冷藏库由具有良好的隔热保温效果的库房和制冷设备组成。冷藏库通过制冷设备，使库内温度按要求进行实时调节，保持稳定适宜的低温，为鲜姜贮藏提供理想的环境条件。冷藏库应在贮藏前提前开机降温，使库内温度维持在 10℃ 左右。姜块入库后闲散放，预贮 24~48h，再装入无毒聚氯乙烯保鲜袋中，然后装入塑料筐或竹筐或纸箱上架贮藏。入库 15 天内姜库内温度控制在 17℃，以后每 7 天温度下降 1℃，45 天左右库温控制在 13℃ 左右，即可完成愈伤的过程，进入恒温贮藏阶段。

三、贮前消毒灭虫

新挖掘或新设立的生姜贮藏场地一般不需要进行消毒灭虫处理，但以前贮藏过生姜或甘薯、马铃薯等的地窖贮藏场地，在生姜入贮前，应对贮藏场所进行消毒灭虫处理。处理的方法如下：一是火烧烟熏。可就地取材，在窖内堆积干燥的枯枝树叶进行火烧烟熏以杀虫灭菌，然后将余烬铺在窖底，可以起到管理病虫的作用。二是铲窖壁。贮藏过生姜或其他农产品的地窖，其窖壁、窖底可能隐藏了有害病虫，在生姜入贮前可铲除一层窖壁和窖底的泥土，再撒上生石灰或草木灰，可有效防除窖壁泥土里的病虫为害生姜。三是化学防治。防治窖内病菌可在入贮前一周，用 50% 多菌灵可湿性粉剂 500~600 倍液或 70% 甲基硫菌灵可湿性粉剂 600~800 倍液喷雾，要求喷雾要周到、均匀。防治窖内害虫可在入贮前一周用

50%辛硫磷乳油2 000倍液或2.5%溴氰菊酯乳油1 200倍液或20%氰戊菊酯1 000倍液喷施于窖壁和窖底,要求喷雾要周到、均匀,再密闭3~5天即可,化学防病和防虫同时进行。

四、贮藏期间的病害防治

1. 瘟病

瘟病是生姜贮藏中易发的重要病害,具有传染性,贮藏期间一旦条件适宜,就会逐渐传染蔓延。病姜姜块呈灰暗无光泽,切开有黑心,颜色越深,病情越重。有时虽未发现黑心现象,但也应加强管理和预防。预防方法:贮藏前严格清除病姜。种姜要选择健壮、发芽力强、色泽纯正、无损伤、无病斑、品种特性典型的整块生姜作种。生姜采收后置于阳光下暴晒1~2天,以杀死病菌,晒干表皮。同时让生姜多蒸发掉一些水分。以防因水分过多入窖后发热腐烂。贮藏期间,应随时检查,发现瘟病及时清理,以免传染。

2. 霉菌病

在姜的块茎受伤、环境又适宜的情况下容易发生霉菌病。其表现是在生姜表面出现一层黑斑块或烂皮。随着病情的发展,白霉菌和黑霉菌会逐渐向茎块内渗透。防治方法:搞好贮藏窖的消毒。目前常用的消毒方法是烟熏或者在窖内撒施一定量的石灰水,这两种方法简单易行,效果都很好。

3. 冷害

生姜贮藏中,如果控制温度不合理,冷空气突然进入贮藏环境,会使生姜发生生理裂变而受冻,冷害是一种由低温引起的生理病害。受冷害后的生姜易出水,很快变质腐烂。防治方法:随时注意天气变化,加强防冻保暖措施。当最低气温下降到8℃左右时,在姜窖上面覆盖稻草保温,开始时覆盖5~7cm,以后随温度的下降逐渐加厚稻草,最后再覆土封严。

第八章 生姜食用与加工技术

为进一步提高生姜的经济价值，延长生姜保存供应时间，改进生姜品质和增加风味，地区生姜的加工越来越被人们所重视，其加工品种越来越多，有些已远销海外，成为出口创汇产品。生姜加工种类很多，可分为腌渍、糖渍、酱制、干制、提炼姜油等。现简要介绍几种简易的生姜加工方法。

一、腌渍加工

腌渍的原理是生姜细胞里的水分和可溶性物质在食盐的高渗透下会析出体外，而盐渗入生姜细胞体内，使其变咸，有害微生物活动受到限制，因而可以长期保存。

1. 咸姜

选用鲜姜洗净、去皮、冲洗、晾干后进行盐渍。每 100kg 加食盐 30kg 倒入缸内分层撒放，每天倒缸 1~2 次。腌制 6~8 天后，每天倒缸 1 次，再腌制 1 个月即可封缸贮存。成品的特点是鲜黄、脆嫩、清香。

2. 咸干姜片

将洗净去皮的姜块切成厚 5mm 左右的片状，日晒或用火烤至含水量 10% 左右。然后一层姜片一层盐进行盐渍，每 100kg 鲜姜用盐 35kg，腌制 15~20 天后，去掉多余盐分，晒干后收藏。

3. 豆腐姜

将生姜洗净去皮，切成薄片，晾干表层水分，然后每 100kg 姜片加盐 16~18kg 进行腌制。腌制时应一层姜片一层盐装缸密封

第八章 生姜食用与加工技术

10 天后取出暴晒至八成干时,以手揉搓姜片,使其组织失水卷缩。此后再入缸盐渍 2~3 天,再取出暴晒 3~5 天,并边晒边揉至软豆腐状,即成豆腐姜。也可在第二次腌制后,再将姜片入缸,并放入经烘干发酵的豆腐,密封 15~20 天,会使姜片香味更浓。

4. 冰姜

选肥嫩姜块洗净去皮,按 100kg 姜放盐 12kg,在缸内腌 15h 后取出,按 3mm 间距下刀至姜块 2/3 深度,将姜块切成姜瓣。按 100kg 姜瓣拌盐 22kg 腌 12 天,每隔 2 天翻拌一次,使之充分腌透。然后取出放竹垫上晒至五六成干,再放回原来盐水中腌,之后再晾晒,反复 3 次,最后达到姜面上出现盐霜即成。成品冰姜,肉色霜白,脆嫩肥胖,咸辣适口。

5. 姜辣酱

选用鲜嫩肥胖的生姜和全红老熟鲜辣椒为原料,首先将生姜洗净去皮后晾干切片,在太阳下晒 1~2 天,将姜片晒至九成干。将辣椒去柄、洗净、沥干、切碎、磨成辣酱。然后按 100kg 姜片、35kg 辣酱、2.5kg 白酒、28kg 食盐装入瓷缸内。装缸时须按一层姜片、一层辣酱、一层盐的顺序重复进行,直至装至距缸口 10~16cm 处,再将白酒从缸口慢慢灌下,最后密封缸口,经 25~30 天可腌制完成。

6. 姜丝辣酱

原料为姜丝 100kg,鲜红辣椒 100kg,食盐 35kg,小麦 36kg,黄豆 12kg,糯米 12kg。

制作时先将生姜洗净去皮切成丝,在太阳下晒 2~3 天,至 7 成干。辣椒去柄、洗净、切碎,磨成浆状。食盐放入 45~50L 冷开水中溶解,在太阳下晒 6~7 天,待用。再将小麦、黄豆、分别去杂、洗净、分别放入水中浸泡,小麦浸泡 12~14h,黄豆浸泡 4~5h(以吸足水为原则)。沥干水后,分别用猛火蒸熟,摊晾至凉,再分别放入发酵房中摊至 3cm 厚,温度保持 28~32℃,让其自然发酵。一般经 2~3 天出现菌丝时,进行短时间开窗通气,将房内温

· 121 ·

度降至 25~26℃，这样经过 6~7 天，小麦黄豆便可充分发酵（霉菌分布均匀即可）。霉色以黄白或淡黄为好，白霉和黄霉则较差。然后移至室外充分晒干，粉碎，并除去霉灰等杂质，以待拌料。

拌料的程序为：先将麦粉倒入盆内用食盐水混合，再放入黄豆粉，拌匀后放太阳下晒 3~5 天，然后把洗净蒸熟的糯米按量拌入，继续晒至酱褐色。初酱晒好后，将辣椒酱、姜丝一起拌入，拌匀后继续暴晒，每天翻拌 2 次，使之晒透晒熟，防止变黑，降低风味。若晒时遇雨，应及时封严，以防水淋变质。上等姜丝辣酱的标准是暗红色，有光泽，有黑色油质，气味芳香鲜美，辛辣味淡，姜脆，稍咸，带甜味。

二、酱渍加工

利用制酱菜的酱或酱油处理经过盐渍的生姜半成品或鲜姜块（片），把姜块（片）浸渍在酱品中，吸收了酱中的营养及风味物质，使制品具有特殊的色泽和鲜美的风味。同时，酱品中的食盐也使制品具有一定的防腐作用。酱渍加工姜产品用途广泛，方法简单，操作容易，产品独具特色。

1. 酱制姜片

将腌渍好的成品咸姜块切成长 3.5~4cm、宽 3~3.5cm 的薄片。以每 100kg 姜片加水 105~110kg，入缸浸泡 2h 左右脱盐。每半小时翻动一次，脱盐完后滤去水分。用酱油将姜片酱渍 4~5 天，每 100kg 生姜用酱油 60kg，取出淋卤 3~4h，再将酱渍过的姜片放入缸内，按每 100kg 咸姜片加稀甜酱 115~120kg，酱渍 15 天左右即为成品。成品酱姜片深褐色，有光泽，既具有酱菜风味，又具有生姜特殊的辣味，且脆嫩爽口，品质良好。

2. 酱制姜块

以鲜生姜为原料的酱制方法：先将鲜姜洗净，脱皮，在阳光下晒到七八成干后，放于味鲜色浓的酱油中浸渍 10 天左右，生姜块由原来的浅黄色变成酱色，即成为酱制姜块。采用咸生姜为原料的酱制方法：将咸生姜放入清水中漂洗 1~3h，适当脱去姜块内的食盐，再用酱油作套卤套去水分，放入酱内浸渍 8~10 天即成。酱制好的姜块酱色，脆嫩爽口，酱香浓郁，咸辣适中。

3. 酱姜芽

酱姜芽的原料是腌制好的成品咸姜芽。选鲜嫩的咸姜芽，切成厚约 1cm 的薄片，放入缸内用清水浸泡 2.5~3h，每 30min 搅拌一次，使之均匀脱盐，然后捞出沥水 4~5h。用酱油酱 3~4 天（每 100kg 姜芽用酱油 60kg），以去除部分辣味。取出后淋卤 3~4h，再将初酱的姜芽放入缸内，每 100kg 姜芽加稀甜酱 115~120kg，酱制 7~10 天后取出，再按 100kg 姜芽加甜面酱 20kg、白糖 6kg、味精 100g、糖精 15g、苯甲酸钠 100g 拌匀，浸 4~5 天即成。

三、糖醋渍加工

生姜糖醋加工的原理是：通过增加生姜制品的含糖量，相对减少其水分含量，使制品具有较高的渗透压，从而抑制有害微生物的生长繁殖，使其达到保藏之目的。糖渍的含糖量必须在 60% 以上，才有可靠的抑菌效果。食糖对生姜的保护作用，还表现在具有抗氧化的功能上，这是因为氧气在高浓度的糖液中，溶解度很小，糖液中氧含量低，可防止产品的氧化变质，从而提高保存效果，延长制品保存期。

1. 白糖姜片

选鲜嫩肥胖生姜洗净、去皮，切成 0.5cm 厚的薄片，放沸水中煮至半熟（成透明状）时捞出，放入冷水中冷却。然后捞起沥干水分后装缸，每 100kg 生姜加白糖 35kg，分层糖渍 24h，再将姜片糖液倒入铜锅中加白糖 30kg，煮沸浓缩至糖浆可拉成丝为止，此时糖液浓度达 80% 以上，捞出姜片后沥出糖浆后晾干，再放入木槽内拌白糖 10kg 左右，筛去多余的糖，姜片上便附着一层白色糖衣，即成为白糖姜片。

2. 煎姜片（红姜片）

将生姜洗净、去皮、切片，在清水中漂洗 5~7 天，再换水漂洗 7~10 天，捞出，晾干水分后进行糖煮。当姜片达透黄鲜亮时冷却，以一层姜片一层白砂糖放入缸内，并加相当于姜重量 5%~8% 的食盐。经过 30min 左右，部分糖和食盐溶化，渗入姜片组织内。后经低温处理，使姜片上凝结一层白砂糖，再按每 100kg 姜片用食用胭脂红 3.5g 染色拌匀，经 25 天左右即成。胭脂红用 3.5kg 开水溶解，配成 0.1% 溶液使用。

3. 糖醋姜片

选择色泽鲜黄、肉质柔嫩、味道辛辣的子姜，去皮，清洗干净，沥干水分后切成薄片。在切好的姜片里撒入适量食盐，拌匀 10~15h，去掉盐分，待用。按配方比例：生姜 100kg，辅料：砂糖 30kg，白醋 20kg，食盐 10kg，酱油 10kg，将辅料加热煮沸，冷却。在预腌好的生姜中加入冷却好的辅料，入坛压实后密封，腌制 2 天即可食用。

4. 五味姜

选鲜嫩生姜，洗净去皮，沥干水分，按 100kg 生姜加 20~25kg 盐入缸盐渍 10~15 天，每 5 天翻动一次。到期选晴天捞出，晒至姜上有一层盐霜时，置木板上用木槌将生姜槌扁。100kg 生姜中加糖精 150g、柠檬酸 200g、精盐 5kg、甘草水 15kg 拌匀，入缸浸 1~2 天，每天翻动 1 次，至生姜上出现盐霜时即成。

5. 糖醋嫩姜

原料：鲜嫩姜 15kg。辅料：白砂糖 5kg，食醋 10kg，酱油 2.5kg，食盐 1kg。选取皮色油黄，稍呈透明，肉厚肥大的新鲜嫩姜作为原料。将嫩姜放入清水中洗干净，刨去外皮，切成适当薄片。将姜片放入容器内，随后倒入冷却的糖醋液，上下搅拌均匀，并加盖浸渍 5~6 天即成。糖醋液制备：将锅洗净置于火上，先将糖、酱油、盐放入锅内煮沸，待糖和盐溶解后即放入醋。待锅内煮沸后迅速关火，将糖醋液冷却至常温。然后捞出晾晒装缸，至姜装至距缸口 15～20cm 时，加入适量白酒，然后密封。盐渍 30 天左右即可。糖醋嫩姜色泽应为酱红色，姜片厚度均匀，入口鲜嫩清脆，酸甜适宜，呈薄片状。

四、干制加工

生姜干制的原理是使姜体内水分减少到最低限度，原料中可溶性物质的浓度相对提高，使微生物活动受抑。在干制加工中，生姜本身所含酶的活性或被抑制或被杀死，从而使干制品能够长期保存。

1. 普通干姜片

将生姜去皮洗净、晾干，切成 0.5cm 厚的姜片，每 100kg 鲜姜片加盐 3～5kg，分层腌制 3～5 天，待食盐溶化渗透后，捞出晾干或用烘箱烘干即成。一般每 100kg 鲜姜可出成品 15～20kg。姜片用无毒塑料袋密封保存，可保质 2 年左右。

2. 脱水姜片

取生姜洗净晾干，切成 0.5cm 厚的姜片，置沸水中烫漂 5～6min，捞出后用干净冷水冷却，沥干，把姜片摊在烘盘上，称为摊筛。摊筛时要求四周稍厚，中间稍薄，前段稍厚，后端稍薄，这样才能达到干燥均匀的效果。将摊筛好的姜片置烘房内烘干，烘干时温度应由低到高，开始 45～50℃，最后 65～70℃，这样可以避免淀粉糖化变质变硬。烘烤 5～7h，姜片呈不软不焦状态，含水量达 11%～12% 时，即可出房。挑出杂质、碎屑，将合格产品装入塑料袋中密封保存，保质期 2 年左右。

3. 普通姜粉

将生姜洗净去皮，切成 1～2cm 的方块，置烘房内烘干，再磨成粉即成。若在研磨时加入 15%～18% 的食盐，用容器密封则可长期保存。

4. 调料姜粉

将脱水姜片粉碎成粉末状后,加入1%的天然胡萝卜素、1%谷氨酸钠和6%白糖粉,拌匀后即成。产品可装入塑料袋密封而长久保存。

五、提炼姜油

生姜中的生姜油含有姜醇、姜酚、姜油酮等有效成分,用途广泛,因此可从生姜中提取生姜油,用来调味、腌渍、提取香精等用途。生姜油具有独特的芳香,对人体有行气、开窍、杀菌、消炎、通血、驱毒之功效。姜油在现代食品、医药和轻化工行业中都是贵重的用料。

1. 原料准备

使用的原料为鲜姜,切成4~5cm厚的姜片,晒干后用木炭慢火烘焙。先用60℃炉温,之后慢慢升到80℃左右,并不时翻动,利于均匀加热。一般7kg鲜姜可得烘焙后的姜片1kg。姜片晒干烘焙后,放在粉碎机内粉碎至呈米粒状,并装入木桶内,蒸馏,用于提炼姜油。

2. 设备安装

(1) 安装炉灶:首先砌好一口地灶,其上安置一口直径为1.26m的铁锅。在铁锅上安装一个木架,木架上铺一层麻布,防止姜粉漏进锅底。锅上安装一个下大上小的木桶,用来盛姜粉。待姜粉装入木桶后,再在上方加一个小木桶,小木桶上方安置一口内压石块的铁锅,以防蒸馏时被蒸汽顶开,同时锅内盛放冷水。第一次进水可进150kg,在大桶底部插入一根进水管,并持续加水,以防水烧开。大木桶与小木桶的连接处、大木桶与灶台铁锅的连接处均用烂泥密封好。

(2) 安装冷却桶:冷却桶安装在灶旁,桶上部大下部小,正中间置一打通节头的毛竹筒,用来进冷水。锡做的盘肠管绕在毛竹筒外面，盘肠管共有九圈半，全部浸在冷却桶中。

(3) 分油器安装：盘肠管一端链接分油器。分油器由锡制成，上面有出口孔、出油孔、出水口和出气孔等，并且出油孔和出水孔应一上一下。

3. 姜油提取

(1) 装料：把姜粉放在大木桶里，放置均匀，松紧适宜，利于通风通气。

(2) 防漏：在安装设备过程中的所有连接处都应严格密封，防止漏气。

(3) 冷却：冷水供应不能间断，间断会降低出油率。油水混合蒸汽进入盘肠管后，其出口温度不应超过30~35℃，否则油气会从分油器孔溢出，影响出油率。所以要及时降温和用温水进行冷却。

(4) 火候：提炼姜油的火势要旺，锅中的水要保持沸腾状态，出油火力要大且稳，添加煤炭应少而勤，使灶内火势铺满。出油孔停止出油时，即可灭火，避免浪费燃料。

附录 A 常见计量单位名称与符号对照表

量的名称	单位名称	单位符号
长度	微米	μm
	毫米	mm
	厘米	cm
	米	m
面积	平方米	m^2
	立方米	m^3
	公顷	hm^2
体积	毫升	mL
	升	L
质量	毫克	mg
	克	g
	千克	kg
	吨	t
时间	分	min
	小时	h
压强	千帕	kPa
温度	摄氏度	℃

参考文献

郭启高，张钟灵，周虹，等.2000.秋水仙碱诱导生姜多倍体的研究［J］.西南大学学报（自然科学版），22（5）：400~402.

李芳.2016.生姜组织培养快速繁殖及移栽技术的研究［J］.辽宁农业职业技术学院学报，18（2）：13-14.

李晓波，贾笑英，李子敏，等.2018.生姜组培快繁技术研究［J］.热带农业科学，38（10）：42-45.

缪静，柏新富.2004.姜茎尖的离体培养与试管苗快繁［J］.中草药，35（10）：1178-1180.

王磊，徐坤，李秀.2013.姜种质资源及育种研究现状与展望［J］.中国蔬菜（16）：1-6.

王晓云，程炳嵩.1994.锌、硼对生姜的增产效果及吸收、分配规律的研究［J］.山东农业大学学报（自然科学版），25（1）：77-81.

王志敏，牛义，宋明，等.2010.姜四倍体离体诱导及其形态学分析［J］.中国蔬菜（4）：41-46.

徐坤，吕华，苏保乐.2007.出口生姜安全生产技术［M］.济南：山东科学技术出版社.

张伟，尹守恒，马培芳，等.2019.张良姜无菌组织培养快繁体系建立［J］.农业科技通讯（8）：370-371.

赵德婉，徐坤，艾希珍，等.2005.生姜高产栽培［M］.北京：金盾出版社.

周明，黄金丽，韦玉霞.2008.^{60}Co γ 辐照对莱芜姜当代生长的影响［J］.核农学报，22（1）：18-22.

图1-1 山农大姜1号

图1-2 莱芜小姜

图1-3 莱芜面姜

图1-4 安丘黄姜

图1-5　莱芜娃娃姜

图1-6　浙江红爪姜

图1-7　安徽铜陵白姜

图1-8　江西黄姜

图2-1 生姜肉质根

图2-2 生姜地上茎和地下茎

图2-3 生姜叶片

图2-4 生姜花

图3-1 掰选好的姜种

图3-2 收获生姜

图3-3 生姜栽培模式

图3-4 不同遮阳方式比较

图3-5 生姜滴灌方式

图4-1 中国有机产品标志

图5-1 生姜姜瘟病

图5-2 生姜软腐病

图5-3 生姜枯萎病　　　　　图5-4 生姜立枯病

图5-5 生姜斑点病　　　　　图5-6 生姜炭疽病

图5-7 生姜病毒病　　　　　图5-8 生姜根结线虫病

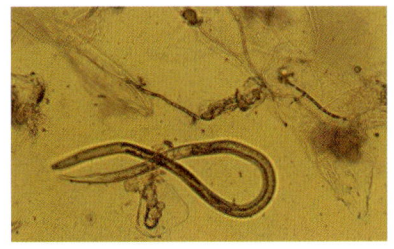
图5-9 根结线虫

图5-10 姜螟幼虫

图5-11 受姜螟为害的生姜植株

图5-12 小地老虎幼虫

图5-13 小地老虎成虫

图5-14 姜蛆

图5-15 蓟马

图5-16 蓟马为害生姜症状

图5-17 甜菜夜蛾

图6-1 外植体分化出芽

图6-2 生姜组培生根

图6-3 生姜组培苗